IoTを支える技術

あらゆるモノをつなぐ半導体のしくみ

菊地正典

SB Creative

本文デザイン・アートディレクション：**クニメディア株式会社**

はじめに

　最近よく見聞するIoT（アイ・オー・ティ）は、「モノのインターネット」（Internet of Things）を意味します。

　従来から、パソコンやスマートフォンなどの情報通信端末はインターネットにつながっていましたが、IoTでいう《モノ》には、もっと広く人工物あるいは自然物を問わず、ありとあらゆる《モノ》が含まれます。

　では、「何のためにつなぐのか、つなぐことで何かご利益(りやく)があるのか？」といえば、個人の家庭生活や社会生活における利便性・快適性・経済性・安全性などの「生活の質」（QOL）を向上させるためです。

　さらに、ありとあらゆる「業(ギョウ)」——すなわち、農業・林業・水産業・鉱業、そして建設業、製造業、運輸・通信業、販売・飲食業、さらには金融・保険業、不動産業、サービス業から医療・介護・福祉に至るまで——それぞれの産業における効率向上、省エネ化、働く人の負担軽減、新たなビジネスチャンスの創出などを図るためです。

　具体的にIoTの事例を挙げ始めると、スマート（賢い）という接頭語の付いた、「スマートホーム」「スマート農業」、「スマートカー（自動運転車やコネクテッドカーを含む）」「スマートヘルスケア（医療・介護を含む）」……など、

枚挙に暇(いとま)がありません。

これらのいくつかの具体的内容については、本書の中でも触れていますが、このように、IoTは私たちの生活や社会そのものを一変させる可能性を秘めた技術体系です。

ところで、IoTはいったいどのようにして、産業や社会の中でそれを実現するのでしょうか？

IoTを技術的側面から見ると、大きく、「データ収集」「データ送信」「データ処理」の3つの構成要素があります。すなわち、

①データ収集──モノの状態をセンサーにより素早く検知し、データを「収集」すること

②データ送信──収集したデータを「送信」によりインターネットに載せること

③データ処理──インターネットに上げられた膨大なデータ（ビッグデータ）に「処理」を施し、誰でも容易にアクセスし利用できる形のクラウドサービスとしてオープンにすること

です。

このような背景のもとに、本書では、IoTの技術全般を理解するうえで、上記3つの構成要素それぞれについて理解を深めることが一番わかりやすく、また近道であると考え、章ごとに各構成要素を取りあげ、すべての要素技術のコアとなっている「半導体テクノロジー」に焦点を当てながら、説明を加えました。

この3つの要素の中でも特に3番目の「データ処理」、すなわち集められた膨大なデータの中から、意味のあるデータの抽出・分類・探索・見える化などのデータマイニングや、その支柱になっているディープラーニングに代表されるAI（人工知能）技術を実現しているのも半導体です。

　さらに、これらのいわゆる「コンピューティング」に加え、処理前および処理後のデータを記憶・保存する「ストレージ」にも半導体が縦横に活躍しています。この点に鑑みて、第4章では、半導体そのものに的を絞り、他書にないレベルで踏みこんだ説明を加えました。

　さらに第5章では、今後IoTの進展に革新的飛躍をもたらすと期待される、新しい半導体テクノロジーについても触れています。

　じつは、私自身はIoT前とIoT後の変化に対して、大きな期待感をもっています。それは、「これまでは一部の専門家がつくったものを一般ユーザーは使うだけにすぎなかったが、IoTの登場によって、使うだけでなく、誰でもつくる側に参加できるようになり得るのではないか」と感じていることです。

　ぜひ皆さんも「IoTを使ってこんなことができないだろうか、どうすればできるだろうか？」と考えてみてはいかがでしょうか？　本書がその一助となれば、著者として望外の喜びです。

2017年3月　菊地正典

CONTENTS

はじめに ……………………………………………… 3

第1章　IoTを支える"半導体部品たち" …… 9
1-1　IoTは《モノ》と《モノ》のインターネット？ …… 10
1-2　IoTで家庭、農業、工場はどう変わる？ …… 12
1-3　IoTを支える3つの柱 ……………………… 16
1-4　「黒子」から「主役」に変身する半導体 …… 22

第2章　半導体センサーが"現場の状況"を リアルタイムにキャッチする …… 27
2-1　"電子の五感"センサー ………………… 28
2-2　急成長するセンサー …………………… 32
2-3　IoTの主役・超小型センサー MEMS …… 34
2-4　光センサー ……………………………… 38
2-5　イメージセンサー ……………………… 40
2-6　圧力センサー …………………………… 45
2-7　加速度センサー ………………………… 48
2-8　ジャイロセンサー ……………………… 50
2-9　シリコンマイク ………………………… 52
2-10　磁気センサー …………………………… 55
2-11　ガスセンサー …………………………… 58
2-12　タッチセンサーとタッチパネル ……… 60
2-13　サーミスタ ……………………………… 63
コラム　呼気データでガンを診断できる！？ …… 66

第3章 《モノ》のデータをいかに インターネット経由で処理するか … 67

- **3-1** IoTの第2段階「インターネットにつなぐ」 …… 68
- **3-2** 「通信距離」で見た無線通信規格の区別 …… 72
- **3-3** IoTに焦点を当てた新しい無線通信技術 …… 76
- **3-4** 短距離の無線通信（NFCとRFID） …… 79
- **3-5** IoTで変わるデータ処理・ストレージ …… 83
- **3-6** IoTの新たなセキュリティリスク …… 87

第4章 IoTを加速する "半導体部品たち"の素顔 …… 89

- **4-1** IoTでの新しい半導体デバイス …… 90
- **4-2** 今さら聞けない「半導体のABC」 …… 94
- **4-3** 「自由電子」と「正孔」の違いは何か？ …… 98
- **4-4** 半導体デバイスの種類と機能 …… 102
- **4-5** ディスクリート（個別半導体） …… 108
- **4-6** トランジスタ …… 116
- **4-7** メモリ①「記憶する」半導体 …… 126
- **4-8** メモリ②SRAM …… 130
- **4-9** メモリ③DRAM …… 132
- **4-10** メモリ④フラッシュメモリ …… 137
- **4-11** 「論理演算する」半導体 …… 144
- **4-12** マイクロコンピュータ①MPU …… 152

CONTENTS

- **4-13** マイクロコンピュータ②MCU ... 156
- **4-14** ASIC（専用LSI） ... 158
- **4-15** プログラマブルロジックFPGA ... 160
- **4-16** システムLSIとIP（設計資産） ... 164
- **4-17** アナログ回路（オペアンプ） ... 169
- **4-18** アナログ・デジタルの信号変換 ... 172

第5章　IoT時代に求められる新しい半導体テクノロジー ... 175

- **5-1** IoTを実現する新しい半導体テクノロジー ... 176
- **5-2** エネルギーバンドとは？ ... 180
- **5-3** 素子の微細化 ... 184
- **5-4** 万能メモリとは？ ... 186
- **5-5** ニューロモーフィック・チップとは？ ... 193

索引 ... 198
著者紹介 ... 203

第1章
IoT を支える "半導体部品たち"

1-1　IoTは《モノ》と《モノ》のインターネット?
——IoTがわかりにくい理由は2つある

　IoT（Internet of Things）というと、すぐに《モノのインターネット》と直訳されます。けれども、あらためて「果たしてその実態は？」と考えると、いまひとつはっきりしないのではないでしょうか。

　IoTがわかりにくい第1の理由として、まず、《モノ》という表現自体に原因があるようです。すなわち、「モノとは一体何か、何をもってモノとするのか」という疑問です。

　現在でも私たちは、パソコンやスマートフォン、タブレット端末などをインターネットにつなぎ、ブラウザを使って情報を検索したり収集したり、あるいはメールで他の人と様々な情報を共有しています。したがって、これらの機器や装置はIoTの時代であっても、当然、《モノ》に相当します。

　しかし、IoTにおける《モノ》は、もっと広い概念です。いわば、自然物あるいは人工物を問わず、世の中に存在する「ありとあらゆるモノ」が対象になるといっても過言ではないでしょう。このように、IoTで様々な《モノ》がお互いにつながっているイメージを**図1-1**に示してみました。

　IoTがわかりにくいという第2の理由は、IoTという概念そのものがあまりにも広く、どこまでをIoTというべきか、その明確な定義もないため、もうひとつピンと来ないためではないでしょうか。

　そこでまず、様々な分野や生活シーンの中で、IoTには「何ができるのか、何が期待できるのか？」という点から少し見てみることにしましょう。

第1章 IoTを支える"半導体部品たち"

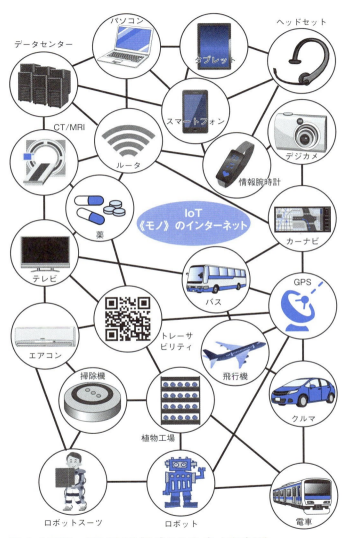

図1-1 IoTでは、ありとあらゆる《モノ》がインターネットでつながる

1-2　IoTで家庭、農業、工場はどう変わる?
──IoTのイメージを理解しておこう

　家庭をはじめとして、製造業、農業、インフラ、運輸・交通、あるいは福祉・介護サービスに至るまで、IoTによってそれぞれのシーンで何が変わり、何が可能になるのかを少し具体的に示してみましょう。その中でも、家庭や農業は身近な例ですので、他より少しくわしく見ておくことにしました。

①家庭(Home)向けのIoT

　IoT、あるいはICT(Information Communication Technology)と呼ばれる情報通信技術を装備した住宅は「スマートホーム」、または「スマートハウス」と呼ばれます。いわば「賢い家」です。具体的には、ソーラーパネルによる太陽光発電などの電気エネルギー・ハーベスト、専用蓄電池の他にEV(電気自動車)を余剰電力として利用する蓄電技術、家電製品の制御を含むHEMS(Home Energy Management System:ヘムス)、家庭を守るセキュリティ、外部からのペットを含む在宅確認、温度・湿度・照明などの室内環境管理などが「家庭向けのIoT」に含まれます。

　図1-2は、HEMSに焦点を当てたときのIoTのイメージを示しています。このスマートホームでは、ソーラーパネルによる太陽光発電、スマートメーターを介した電力会社との間の買電と売電、専用蓄電池とEV(電気自動車)を利用した蓄電、エアコン・テレビ・電子レンジ・洗濯機・LED照明・IHクッキングヒーターなどの家電製品のHEMSによる「見える化」を含むモニター・管理などが含まれています。

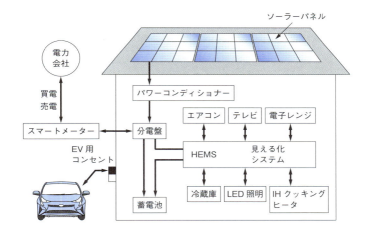

図1-2 IoTで変わる家庭(スマートホーム)のイメージ
HEMS：Home Energy Management System ホームエネルギーマネジメントシステム

②農業向けのIoT(スマート農業)

　農業向けのIoTとは、温度・湿度、日照、二酸化炭素(CO_2)の濃度などを農地から離れた場所からモニターし、管理し、制御するシステムです。その中でも、ロボットやICTを活用して超省力化・大規模生産・高品質生産を実現するスマート農業は「農業向けIoT」の代表です。

　図1-3にスマート農業のイメージを示してみました。GPS自動走行農業機械の利用などによる省力化・大規模化、栽培環境のモニター化ときめ細かい制御による多収穫・高品質の作物生産、アシストスーツやアシスト機械による３Ｋ労働からの解放、クラウドシステムを利用した消費者への生産情報の提供などが考えられます。

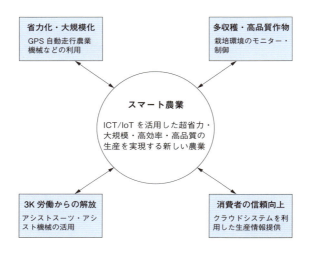

図1-3 IoTで変わる農業(スマート農業)のイメージ

③インフラ向けのIoT

 橋梁やトンネルなどの経年劣化・異常をモニターによって早期発見したり事前に予測することで、崩落事故を防止します。

④福祉・介護向けのIoT

 高齢者を対象としたもので、介護施設内あるいは室外での介護、独り住まい高齢者の在宅介護、高齢者の転倒防止、高齢者の位置情報を知るためのGPS(全地球測位システム)/LBS(位置情報サービス)、あるいはSOS自動発信などのサービスがあります。

⑤製造業向けのIoT

 設備の遠隔・自動モニター、M2M(Machine to Machine)による機械同士の自動コミュニケーション、自動保守・メンテナンス

による異常や事故の警告・予測などのサービスです。

⑥ 運輸・交通向けのIoT

運輸・交通向けのIoTとしては、鉄道、地下鉄、バス、タクシー、トラック、自動車、航空機、船舶などの自動保守・メンテナンスによる事故の未然防止、さらには運行状況のモニター・制御・管理、自動運転、コネクテッドカー（IoT機能を付加したクルマ）、EVステーションなどが考えられます。

　§1-1で「IoTではありとあらゆるモノがインターネットにつながる」といいましたが、では「何でもつなげてしまえばいいのか？」といえば、決してそんなことはありません。**「何を、何のために、どうつなぐのか」**を十分勘案した上で決める必要があるからです。その際の判断基準となるメリット・デメリットには、以下のようなことが考えられるでしょう。

まずメリットは、
○新たなビジネスチャンスの拡大
○生産性や生産効率の向上
○安全・安心な生活の維持向上
○健康の増進
○福祉介護の充実
○生活の質（QOL：Quality of Life）の向上
一方、デメリットとしては以下のものが考えられます。
●初期コストのアップ
●個人情報を含めた機密情報が漏洩する危険性の増大
●ハッカー攻撃のリスクの増大
●サイバーテロのリスクの増大

1-3 IoTを支える3つの柱
──①データ収集、②インターネットへの送信、③データ処理

　IoTの全体像を把握するためには、一度、IoTの構成要素に分けて考え、その上で個別の要素について見ていくとわかりやすいでしょう。IoTには**図1-4**に示すように、大きく分けて

❶センサーによる、モノのデータ収集
❷収集したデータのインターネットへの送信
❸インターネットに上げられたデータの処理

という3つの構成要素があります。それぞれの詳しい内容については、第2章〜第4章で説明しますので、ここでは全体を概観してみることにします。

①センサーによる、モノのデータ収集
　そもそも、IoTでモノをインターネットにつなぐのはなぜなのか、**それはモノの「状態」を把握し、何かの役に立てるためです。**そのためにはモノの状態としての位置、速度、加速度、角速度、温度、湿度、光度や輝度、色、画像(静止画、動画)、音、音声、におい、味、血圧、血糖値……などに関する**あらゆるデータを検出し、それを電気信号に変換しておく必要があります。**その役割を担っているのが「センサー」です。

　IoTでは、それら各種の機能を持ったセンサーがバラバラにインターネットにつながっているというよりも、センサー同士が互いにつながってネットワークを形成するため、IoTを「センサーネットワーク」と呼ぶこともあります。

　図1-5ではセンサーネットワークのイメージを示しています。IoTが本格化すると、インターネットには、毎年1兆個を超える

第1章　IoTを支える"半導体部品たち"

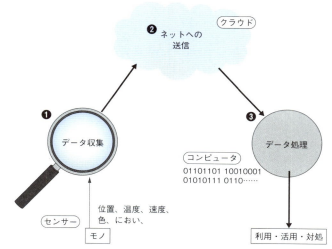

図1-4　IoTの3つの構成要素

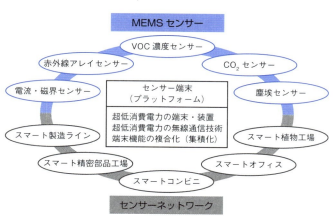

図1-5　「IoT＝センサーネットワーク」のイメージ

センサーがつながるだろうといわれています。

②収集されたデータのインターネットへの送信

各種センサーによって収集されたデータ（および情報）をインターネットにアップするには、いくつかのパターンがあります。たとえば、パソコンやスマートフォンなどと同じような通信機能をセンサー自身が備えていれば、直接インターネットに接続することも可能です。けれども、それではセンサー側の負担が大きくなり過ぎます。不可能とはいわないまでも、コスト面などから考えると非現実的であり、賢い方法とはいえません。

インターネットでは、IP（Internet Protocol インターネットプロ

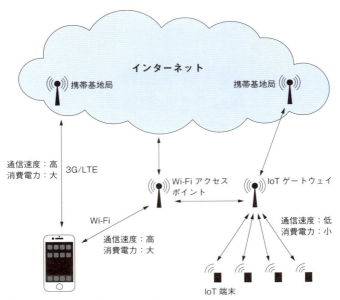

図1-6 《モノ》のインターネットへの接続法

トコル)と呼ばれる標準の通信規格により、IPパケットと呼ばれるデータ形式(=データのかたまり)で通信されています。

したがって、前ページの図1-6に示すように、センサーが出力したデータをインターネットに乗せるには、通信方式やデータ形式を変換するためのゲートウェイ(GW)やアクセスポイントと呼ばれる機器・装置を中継して、3GやLTE(Long Term Evolution 3.9G)のインターネットに接続しなければなりません。

③インターネットに上げられたデータ(情報)の処理

インターネットに上げられたデータ(情報)は、インターネットにつながっているデータセンターで処理・保管されます。

データセンターとは、サーバやネットワーク機器などのIT機器を設置し、運用する施設や建物のことです。インターネット接続に特化したデータセンターは、とくにインターネットデータセンター(iDC)と呼ばれることもあります。近年、民間会社や公共機関・施設でITシステムが導入されていますが、自前のデータセンターを保有し、稼働させている場合も多くあります。しかし、セキュリティや災害対策、あるいは温度・湿度などの環境管理面を考え、他社のデータセンターでサーバラック(サーバ専用棚)を借りて運用するケースも少なくありません。

ユーザーは、処理されたデータにインターネットを介して適時アクセスし利用しますが、そのためには膨大なデータ(ビッグデータ)に対し、適切なデータ処理が必要になります。具体的には、インターネットに上がってきた膨大なデータの中から意味のあるものを抽出した上で「見える化」(図形やグラフや表などで表示)したり、使いやすい形に「構造化」(整理・分類・まとめ)したり、データの分析・解析・統合などによって、自社にとって役立つ情

報を検索・抽出・予測・最適化したりします。ユーザーはそれらクラウドサービスの結果にアクセスすることで、様々な便益を得ることができます。

インターネットへ集まるビッグデータに対し、上に述べたような有効な処理を施すためには、AI（人工知能）技術の活用などが必須で、さらなる進歩に大きな期待がかかります。**本格的なIoT時代には、500億台以上の情報端末と、毎年1兆個以上のセンサーがインターネットにつながり**、ゼタバイト（ZB：10^{21}を表す）の情報が流通するという予測もあります。これを処理するにはコンピュータの性能向上に加え、まったく新しい概念に基づくコンピュータも不可欠になるでしょう。

図1-7には、IoTでのデータ処理のイメージを示しました。ここでは、IoTを構成する3つの要素、

❶センサーで情報をキャッチする
❷情報を送る＝つなぐ
❸情報を処理する

について、概略を述べてきましたが、その他にも、IoTの様々な考えや方法が提案され、その一部はすでに実行に移されつつあります。その中でも、集めたデータのできるだけ近く、つまり《モノ》の近くでデータ処理する地産地消的なシステムが増えてくると考えられます。また、M2M（Machine to Machine）のように、人間を介さず機械同士がインターネット上で情報交換することで、データを収集・解析・フィードバックするケースも増えてくるでしょう。

本書では、クラウドコンピューティングの結果や判断に基づいて必要な対応を取ったり、センサーや機器を変更・更新・再調整したりする、「ネットワークから端末へ」という、いわばIoTの逆の流れについては、紙面の関係もあって敢えて割愛しています。

第1章 IoTを支える"半導体部品たち"

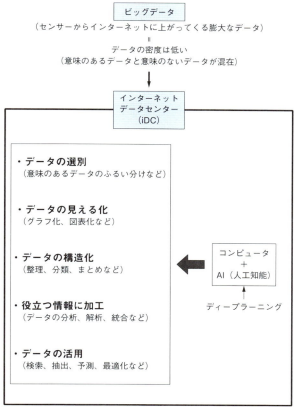

図1-7 インターネット上でのデータ(情報)処理

1-4 「黒子」から「主役」に変身する半導体
——IoTの3つの構成要素を支える半導体

　IoTでインターネットにつなげる《モノ》のうちで、パソコンやスマートフォンなどに使われている電子機器・電子部品は、それ自体が様々な機能を持つ多数の半導体（詳細はP.94 §4-2で解説）を使っていて、まさに「半導体のかたまり」です。

　一方、そのようなデータ処理機能を持たない《モノ》は、自然物であれ人工物であれ、それらの状態や状況を把握するためには、センサー（検出器）を必要とします。そして、それらセンサーの多くにも、多種多様な半導体が使われています。

　センサーについては、このあとの第2章で詳しく説明しますが、半導体がもっている様々な性質そのものを利用したセンサーもあります。その他に近年、MEMS（Micro Electro Mechanical System 超小型電子機械システム：メムス）技術と呼ばれる、超小型電子機械部品の一種であるMEMSセンサーが数多く使われています。これは半導体の微細加工技術にプラスアルファした特殊な加工技術を駆使したもので、シリコン材料（シリコン＝ケイ素。半導体の主要材料）などに3次元的な加工を施すことで実現したものです。図1-8に、MEMSセンサーの顕微鏡写真を示しました。

　MEMSセンサーは、小型軽量で高い変換精度をもち、優れた耐環境性（温度、湿度、高度など）に加え、比較的低コストで実現できること、さらにはMEMS技術を使うことで、**半導体を用いたデータ処理回路や通信回路などと一体化した複合型機能センサーを実現しやすい**というアドバンテージを有しています。複合型機能センサーについては、第2章でも触れます。

第1章 IoTを支える"半導体部品たち"

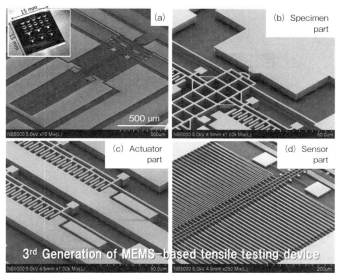

図1-8　MEMSセンサーの顕微鏡写真の例
神戸大学・磯野吉正教授のご厚意により、研究室HP（http://www.research.kobe-u.ac.jp/eng-isonolab/index.html）より抜粋

◉IoTは半導体の機能とともに理解する

　次に、センサーが検出・変換したデータをインターネットに上げるための通信と半導体について考えてみましょう。わかりやすくするために、先にも触れた「スマートハウス」を例に取りあげ、通信面に焦点を当てたときのイメージを、次ページの**図1-9**に示してあります。

　ここでは、テレビ、LED照明、食器洗い機、洗濯乾燥機、エアコン、給湯器などの家電製品が有線あるいは無線技術でホームネットワーク（HNW: Home Net Work ＝ 家庭内LAN: Local Area Network）につながり、それをホームゲートウェイ（HGW: Home Gate Way）が集中制御し、クラウドサーバと接続します。

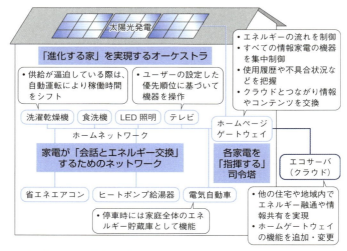

図1-9 スマートハウスのイメージ図
経済産業省資料をもとに作成

　その結果、家庭内は当然ですが、それに留まらず、他の住宅や同一地域内を含めて、トータルエネルギーマネジメントの最適化を行うことも可能になります。

　このスマートハウスの例はIoTそのものですが、この場合、家電内のエネルギー状態に関するデータを、有線や無線でホームネットワークに上げる働きをしているのは「通信用の半導体」ですし、無線でホームゲートからインターネットにデータを送る働き（送信）をしているのも半導体です。

　加えて、スマートハウスの各種の家電製品には、様々な機能を持った多種多様な半導体デバイスが数多く搭載されています。その意味で、ホームゲートウェイやクラウドサーバは、パソコンやスマートフォンなど以上にIoTを支えているものといえ、その実態

は「半導体のかたまりそのもの」なのです。

　さらに、すでに触れましたが、センサーからの通信によってインターネットに上げられたデータ（＝ビッグデータ）は、データセンターでデータ処理され、ユーザーが使いやすい形に加工されて、クラウドサービスに供されますが、そのデータ処理を実行しているコンピュータは半導体のマイクロプロセッサ（MPU: Micro Processing Unit超小型処理装置）ですし、データの記憶にも、第4章で説明する半導体メモリ（DRAMやフラッシュメモリなど）が多数使われています。

　このため、有線・無線の「ネットワークそのもの（電線、光ファイバー、電波）」を別にすれば、IoTでは通信回線網の要所となる節の部分（ノード）や回線網につながっている端末機器、その他のモノには、すべて半導体デバイスがふんだんに使用されています。

　よく、「何に半導体が使われているかを考えるより、半導体が使われていないモノを探す方がむずかしい」といわれますが、IoTも例外ではありません。というより、IoTはむしろその典型例といえます。

　こうしてIoTにおいて半導体が果たす役割を考えてくると、半導体を「黒子」と呼ぶのはもはや控えめ過ぎです。たしかに、IoTの表舞台に出ていくことが少ないために眼にはつきにくいけれども、**実は「半導体はIoTの主役中の主役」と呼ぶべき存在**なのです。その意味でも、IoTをより深く理解するためには、IoTと半導体の機能の両方を合わせて理解していくことが必要です。

　なお、次ページの**表1-1**には、IoTの3つの構成要素、「データ収集」「データ送信」「データ処理」で使われている代表的な半導体デバイスの例を示しておきました。

表1-1 IoTの要所で使われる半導体の例

データ収集	データ通信	データ処理
・半導体センサー 　半導体の物性を利用 ・シリコンMEMSセンサー ・複合機能センサー 　電源回路 　ADC（ADコンバータ） 　DAC（DAコンバータ） 　データ処理 　各種制御 　通信 　プロセッサ 　……	・通信用回路 　Bluetooth用 　特定小電力無線用 　（Sub-GHz、Wi-SUN、Zigbee） 　エコーキャンセラ 　ノイズキャンセラ 　コーデック 　モデム 　VoIPプロセッサ 　トランスコーダ 　……	・処理用回路 　MPU 　DSP 　GPU 　MCU 　ASIC 　FPGA 　SOC 　…… ・メモリ 　SRAM 　DRAM 　フラッシュメモリ

MEMS：Micro Electro Mechanical System　超小型電子機械システム：メムス
ADC：Analog to Digital Converter　ADコンバータ（AD変換器）
DAC：Digital to Analog Converter　DAコンバータ（DA変換器）
VoIP：Voice over Internet Protocol　ボイス オーバー インターネット プロトコル
MPU：Micro Processing Unit　超小型演算処理装置
DSP：Digital Signal Processor　デジタル信号処理装置
GPU：Graphic Processing Unit　画像処理装置
MCU：Micro Controller Unit　超小型制御装置
FPGA：Field Programmable Gate Array　フィールドプログラマブルゲートアレイ
SOC：System On Chip　システムオンチップ
SRAM：Static Random Access Memory　記憶保持動作が不要な随時書込読出メモリ
DRAM：Dynamic Random Access Memory　記憶保持動作が必要な随時書込読出メモリ

第 2 章

**半導体センサーが"現場の状況"を
リアルタイムにキャッチする**

2-1 "電子の五感"センサー
――《モノ》の状態を的確にキャッチするIoTのキーデバイス

センサー(sensor)は、自然物や人工物の性質や情報を、科学的な原理に基づいて、扱いやすい電気信号に変換する素子・装置です。似たような言葉にトランスデューサー(変換器)があります。トランスデューサーの場合は、「ある種類のエネルギーを別のものに変える装置一般」を指しますので、センサーはトランスデューサーの一種ともいえるでしょう。

●センサーの役割
一般に「センサー」と呼ばれるものの多くは、電気製品や電子機器の中で、言わば「裏方的な役割」を演じ続けてきました(「電子の目」と呼ばれるイメージセンサーは例外としても)。それがIoT時代を迎えるにあたり、ネットワークのエッジに位置するキーデバイスとして、にわかに脚光を浴びるようになってきたのです。IoTそのものを、「センサーネットワーク」と呼ぶ傾向さえ見受けられるほどです。

センサーの役割は、IoTのT(Things)「=モノ」から各種のデータを情報として吸い上げ、インターネットに載せることで情報が有機的につながり、それに分析や解析などの各種処理を行って、ユーザーが必要なアクションにつなげることにあります。

図2-1に、代表的なセンサー素子の種類と主な用途を模式的に示しました。センサー素子が検出する対象量が「物理量」か「化学量」かによって、2種類に大別されます。

物理量としては、「時間、位置、距離、変位、振動、速度、加速度、回転(角、数、速度)、画像、温度、光(可視、赤外、レー

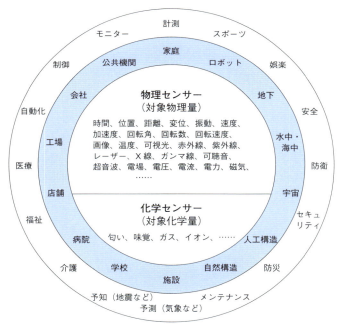

図2-1　代表的なセンサー素子の種類と主な用途

ザー、X線)、音(可聴、超音波)、電気(電場、電圧、電流、電力)、磁気」などがあげられ、化学量としては「におい、味覚、ガス、イオン」などがあります。

またセンサーの用途(使用される場所)として「家庭、公共機関、会社、工場、店舗、病院、学校、施設、自然構造、人工構造、宇宙、水中・海中、地下」などがあり、使用目的・機能としては「計測、モニター、制御、自動化、医療、福祉、介護、予知(地震など)、予測(気象)、メンテナンス、防災、セキュリティ、防衛、安全、娯楽、スポーツ」などがあります。

このように、センサーの種類、センサーが使用される場所・目

的・機能は実に様々ですが、2020年にはインターネットにつながる《モノ》の数は500億個を超える、という予測もあります。センサーをインターネットにつなぐことで、いったいどんな付加価値を得られるのか。コストパフォーマンスを考慮しながら、そのメリット・デメリットを適切に判断することこそ、今後ますます必要になるでしょう。

センサーを「IoTネットワークのエッジコンポーネント（末端部品）」として位置付けるとき、そこではセンサーとしての、高い感度、高い信頼性、高い耐環境性、省エネ（低消費電力）、長寿命、小型、軽量、安価などの要素がいっそう求められます。なぜなら、

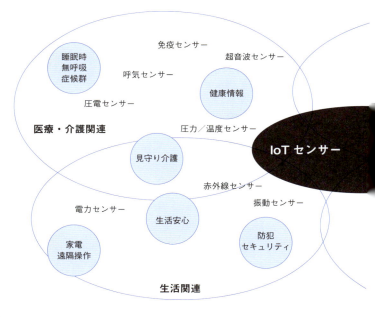

図2-2　ネットワークにつながれたセンサーのイメージ

センサーが使われる場所や環境というのは、一般的に容易にアクセスできず、メンテナンスや取り替えもむずかしく、とても厳しい環境下で長く使用され、またその及ぼす影響の範囲や程度も甚大なものになる可能性が高いからです。

センサーは、単独の検出素子としてだけでなく、増幅・演算・制御・通信などの機能を追加したモジュールとしての性格を持ったものもあります。また、近年のセンサーの進化の傾向として、先述したMEMS技術がセンサーに多用されています。これらについては、本章の中で詳しく説明します。図2-2に、インターネットにつながれた代表的なセンサーのイメージを示しておきます。

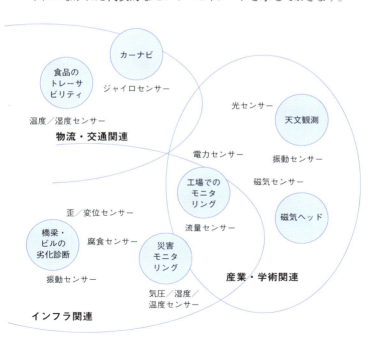

2-2　急成長するセンサー
——単機能タイプから複合機能タイプへ

　一概に「センサー」といっても、何をもってセンサーと呼ぶかには、ケースによって幅があります。たとえば、イメージセンサー（詳しくはP.40 §2-5参照）は、対象物から反射された光信号を光電素子が受け、電気信号に変換するものです。この光電素子を規則的な2次元配列に並べ、各素子が対象物の部分反射光を受けて、電気信号に変換し、後で個々の電気信号を統合して「画像を再現」するというしくみです。

　この場合、光電素子そのものを「センサー」と呼べますし、その信号に各種処理を施し、統合する機能までを含めれば「イメージセンサー」とも呼べます。これはイメージセンサーに限ったことではありません。

　また、「センサー」といっても、実際には様々な機能を複合化し、ICチップ化やパッケージ化がますます進むと考えられています。たとえば、図2-3に示したように、そのチップ上にはセンサー素子だけではなく、センサー素子から得られた信号の増幅、アナログとデジタルの変換、各種の論理処理（演算部）、さらにはデータをインターネットに上げるための通信処理などの複合化が進んでいます。すでにCPU内蔵のスマートセンサーは使われていますし、バッテリーを不要化するために光や振動や熱変動などを利用して自家発電を行う（エネルギー・ハーベスト）センサーチップもあります。さらに、次節（§2-3）で説明するシリコンMEMS技術を用いたセンサーは、各種回路との集積化が容易なこともあり、様々な分野に浸透しています。

　それとは別に、異種センサーの機能を1つにまとめ、複合的な

データ処理を受け持つセンサーもあります。さらに同種センサーを多数集め、規則的に2次元配列することで、データの空間的な位置や方向や分布を検出できるセンサーも数多く使われるでしょう。これらのベースとなる、センサーの一般的進化の方向としては、センサー機能の向上、小型軽量化、省電力化、信頼性の向上、耐環境性の向上などが挙げられます。

［1つのICチップ上に集積］

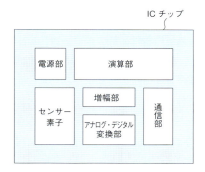

［1個のICパッケージ上に搭載］

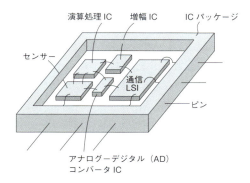

図2-3　センサーの複合機能化の模式図

2-3 IoTの主役・超小型センサーMEMS
──スマートフォンはMEMSセンサーのかたまり

　MEMS（Micro Electro Mechanical System：メムス）とは「超小型電気機械システム」の意味で、シリコン基板やガラス基板、あるいは有機材料などの上に、機械要素部品としてのセンサー、アクチュエーター、電子回路などをひとまとめに搭載したデバイスを指します（全長がmm単位（ミリメートル）、その中の部品はμm単位（マイクロメートル））。

　近年、シリコンMEMS技術を用いたMEMSセンサーは、小型、高精度、高信頼性、高耐環境性、低コスト、さらに各種信号処理回路とのオンチップによるモジュール化の容易性などの利点を生かして、様々な機器や装置に幅広く利用されてきています。

　MEMSセンサーを作製するためには、通常のシリコン微細加工技術（シリコンプレーナ技術）をベースにしつつ、さらにいくつかの独得な技術が必要になります。通常のシリコンプレーナ技術では、各種材料の薄膜を微細なパターンに形状加工し、それを何度も繰り返し積み上げていきますが、**シリコンMEMSでは微細な3次元構造物を実現する必要**があり、縦方向の深い加工技術が求められます。

　このために、LIGA（リーガ）と呼ばれるX線を用いたリソグラフィや、電子ビームによる3次元リソグラフィ、エッチングのマスクとしての厚膜レジスト技術、深掘り用の異方性の強いICP-RIE（Induction Coupled Plasma Reactive Ion Etching誘導結合型反応性イオンエッチング）に代表される高密度プラズマエッチング、さらにいったん犠牲層と呼ばれる材料膜（プロセスの途中で役割を終えると除去され最後まで残らない）を導入しておき必要な構造を形成する犠牲層エッチング、またMEMS構造体をガラスなどに

第2章 半導体センサーが"現場の状況"をリアルタイムにキャッチする

(a) サーフェイス・マイクロマシニング

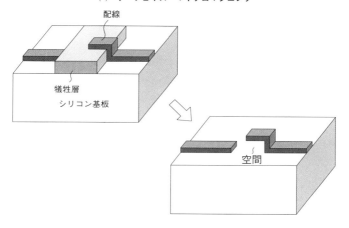

複数の層を作製し、犠牲層などを利用して、その一部をエッチングすることで空間を形成する。CMOS回路とのプロセス整合性が高く、オンチップ・モジュール構造などに向いている方法。

(b) バルク・マイクロマシニング

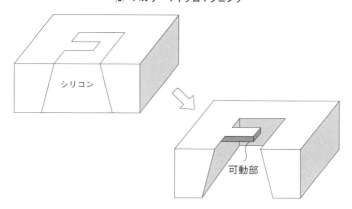

基板自体を3次元的に形状加工して、自由度の大きな3次元構造体を実現するのに向いている方法。

図2-4 マイクロマシニングの作成方法

接合するため、研磨したシリコンとガラスの表面を重ね加熱しながら電圧を加え共有結合による強い接合を実現する「陽極接合」などの様々な技術があります。

●マイクロマシニングで3次元構造物を作る

MEMS技術を用いて、超微細な3次元構造物を作ることをマイクロマシニング (micro-machining) といいます。マイクロマシニングには、前ページの**図2-4**に示したように、大きく (a) サーフェイス・マイクロマシニングと (b) バルク・マイクロマシニングの2種類があります。

サーフェイス・マイクロマシニングでは、複数層の膜を作製し、犠牲層などを利用して、その一部を選択的にエッチングすることで空間を形成します。この方法は、CMOS型(トランジスタ組合せ構造の1つ。P.116 §4-6参照)構造とのプロセス整合性が高く、オンチップ・モジュール製造などに向いています。

一方、バルク・マイクロマシニングは、基板自体を3次元的に形状加工して自由度の大きな3次元構造を実現する場合に向いています。

シリコンMEMSセンサーには、圧力センサー、触覚センサー、加速度センサー、ジャイロセンサー、マイクロフォン、温度・湿度センサー、DNA分析チップ、蛋白質分析チップ、血液検査チップなど、様々なものがあります。

電子機器の中でも、特にスマートフォンは、MEMSセンサーの「かたまり」ともいえますが、どのようなMEMSセンサーが利用されているか、**図2-5**にその一例を示しておきます。ここでは、3軸の加速度センサー、ジャイロセンサー、電子コンパス、圧力センサー、温度・湿度センサー、マイクロフォンなどが含まれてい

図2-5　スマートフォンにも使われているMEMSセンサー

ます。その中の3軸MEMS加速度センサーのセンシング部の拡大電子顕微鏡写真の模型図を示しておきます。

　MEMSセンサーは、IoT時代の進展に伴って、今後ますます多くの《モノ》の中で大量に使われ、その重要性も一段と増していくことでしょう。

2-4　光センサー
──光照射で電気を生じる

　一概に、光センサーといっても、その動作原理や検出対象とする光の波長によって、様々なタイプのものがあります。ここでは、半導体の内部光電効果、すなわち**光照射**により**半導体内部で電子が増えることで伝導度が上ったり起電力が生じる現象**を利用するタイプ（光伝導型、光起電力型）のものについて説明します。

　光伝導型の光センサーは、光照射による電気抵抗の変化を検出しますが、可視領域の硫化カドミウム（CdS）、赤外領域の硫化鉛（PbS）やインジウムアンチモン（InSb）、中赤外領域の水銀カドミウムテルル（HgCdTe）などがあります。

　一方、光起電力型の光センサーは**半導体PNフォトダイオード**を用いた光センサーで、**図2-6**に断面構造と回路記号を示します。光起電力型のPNフォトダイオードに使われている材料は、シリコンが中心です（一部に化合物半導体も使用）。シリコン系が多い理由は、小型軽量で機械的強度が高く、特性の直線性や長寿命という特徴を利用して紫外光から可視光、さらに近赤外光の波長領域に渡って広く利用できるからです（**図2-7**）。

　光センサーのPNフォトダイオードは、信号としての入射光を電気信号に変換しますが、実際に効率よく変換するためには単純なPNフォトダイオードの他にも、PINフォトダイオード、ショットキーフォトダイオード、アバランシェフォトダイオードと呼ばれるものもあります。基本原理はすべて同じです。

　なお、PN接合の構造や原理に立ち入るには、半導体についてのある程度の知識が必要になりますので、それらの説明については第4章に譲ることにします。

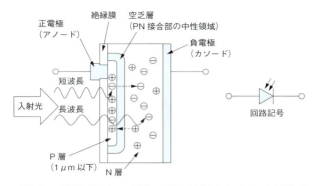

N型シリコンの表面に薄い（1μm以下）P型領域が形成されている。PN接合近傍では自由電子と正孔が互いに打ち消し合い、キャリアの存在しない領域（空乏層）が形成され、電界が生じる。外部から十分なエネルギーを持った光が入射すると、薄いP型層を通過して内部に到達した光は、電子（＝自由電子）と正孔のペアを多数作りだし、電子はN型層へ、正孔はP型層へ移動し、N型領域はますます電子リッチに、P型層はますます正孔リッチになって電位差が生じ、PN間に外部負荷を繋ぐと電流が流れる。この現象が光起電力である。

図2-6　PNフォトダイオードの断面構造と回路記号

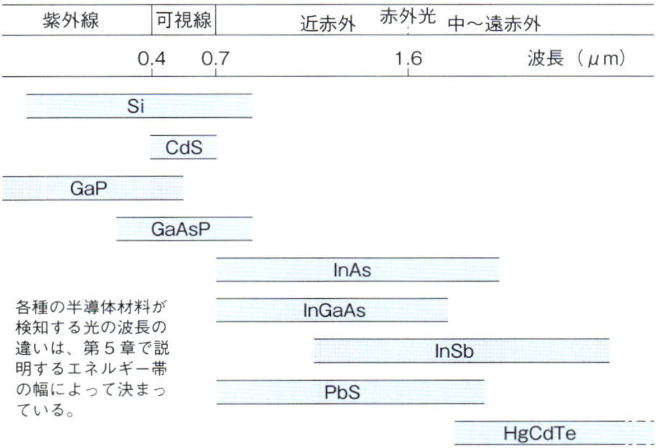

各種の半導体材料が検知する光の波長の違いは、第5章で説明するエネルギー帯の幅によって決まっている。

図2-7　各種波長に対応した光センサー用の半導体材料

2-5　イメージセンサー
──IoT機器に搭載されるCCD型、CMOS型

　人間がモノを見るとき、水晶体のレンズを通して入って来た被写体からの光が網膜上に結像し、これから得られた光信号が視神経を介して大脳の視覚野に送られ、様々な処理を受けた結果、画像として認識されています。イメージセンサーとは、まさに、**目の網膜までの機能を持ったデバイス**です。

　イメージセンサーは、次ページの**図2-8**に示したように、集光用の「オンチップレンズ」、光を3原色（R＝赤、G＝緑、B＝青）に分解するための「カラーフィルタ」、そして光強度を電気信号の強さに変換する「フォトダイオード（P.38 §2-4参照）」から構成されています。ここで網膜に相当する部分には、何百万というフォトダイオードが敷き詰められていて、その中で1組のRGBフォトダイオードを含む部分は、画素あるいはピクセルと呼ばれ、この数が画像の性能指標になっています。各画素では、RGBそれぞれの光の強度に応じて、フォトダイオードが光信号を電気の信号（電子の数）に変換します。

　イメージセンサーには、42ページの**図2-9**に示したようなCCDイメージセンサーとCMOSイメージセンサーの2種類のタイプがあります。これらはフォトダイオードを使って光を電気信号に変換するところまでは同じですが、発生した電子を転送し、取り出す方式が異なっています。

　CCDイメージセンサー（**図2-9**上）では、発生した電子を各列同時に垂直転送CCDへ移してから水平転送CCDで順番に出力回路まで運び、増幅器で電荷から電圧に変換・増幅し、出力します。

　ここでCCD（Charge Coupled Device：電荷結合素子）とは、半

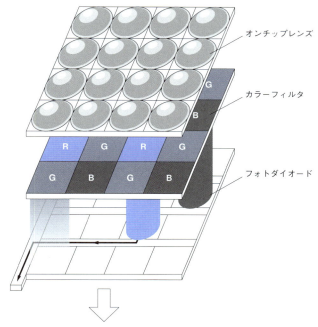

何百万ものフォトダイオード（光を電気に変換する半導体素子）が敷き詰められていて、フォトダイオードは、カラーフィルタを通して照射された光の３原色のR（赤）、G（緑）、B（青）ごとの強度に応じた数の電子を発生させる。

図2-8　3要素で構成されるイメージセンサーの概念図

導体に絶縁膜を介してパルス電圧を加えることで半導体表面に電子を一時的に蓄える「井戸」を形成し、パルス電圧を加える箇所を移動させることで井戸を順次移動させ、それと同時に、蓄えられた電子そのものを転送する機能を持った素子のことです。

CMOSイメージセンサー（図2-9下）では、発生した電子を画素内の増幅器によって電圧に変換・増幅し、画素選択のためMOSトランジスタ（P.116 §4-6参照）のスイッチ機能を用い、行

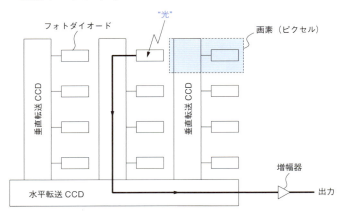

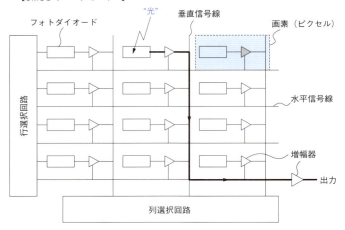

図2-9 CCD型、CMOS型のイメージセンサー

ごとに垂直信号線に転送し、垂直信号線ごとに配置された列回路でノイズを除去してから一時保管し、保管された電圧信号は列選択のために配置されたMOSトランジスタのオン／オフにより、水平信号線に送られて取り出されます。

次ページの**表2-1**に示したように、CCDイメージセンサーとCMOSイメージセンサーを比較すると、画質では単一の増幅器で出力するため素子バラツキによるノイズが少ないCCD型が優れ、動画歪みでも一括読み出しを行うCCD型が優れています。しかし、消費電力は単一の低電圧源で駆動できるCMOS型が優れ、周辺回路のオンチップ化でもCMOS型が相対的に優れているといえます。

そもそも、固体撮像素子として半導体イメージセンサーはまずCCDイメージセンサーが実用化されましたが、近年、スマートフォンなどのモバイル機器の爆発的普及により、小型・低消費電力のメリットを生かしてCMOSイメージセンサーが徐々に増えてきています。

いずれもIoT機器の多くに搭載されていますが、CCDイメージセンサーは高速・高感度を生かして産業用の監視・計測用カメラ、防犯カメラ、放送局や報道用のカメラ、望遠鏡（液体窒素で冷却して用いられる冷却CCDイメージセンサーもある）、胃カメラ、ビデオカメラ、デジタルカメラなどに使われています。それに対し、CMOSイメージセンサーは、民生用のデジタルカメラ、モバイル端末用カメラ、携帯電話やスマートフォン用カメラ、タブレット端末用カメラなどに数多く利用されています。

表2-1 イメージセンサーの比較

	CCD型 (電荷転送素子利用)	CMOS型 (CMOSトランジスタ利用)
画質	◎ 単一増幅器で出力するため素子のバラツキによるノイズが少ない	○ 画素単位の増幅器とスイッチのバラツキによるノイズが多い
動画	◎ 一括読み出しのため歪(ひずみ)なし	○ ラインごとに順次読み出しのため歪あり
消費電力	△ 電子転送用の高電圧パルス電源を含め複数電源による駆動が必要	◎ 単一の低電圧源で駆動できる
周辺回路のオンチップ化	○ アナグロ回線が必要	◎ ロジックやメモリのプロセスを適用できる
素子寸法	大きい	小さい
価格	高い	相対的に安い
用途	画質を最優先する用途 (高速・高感度) ⎡産業用監見・計測カメラ 　防犯カメラ 　放送局・報道用カメラ 　望遠鏡(冷却CCD)用カメラ 　胃カメラ(ビデオスコープ) 　ビデオカメラ 　デジタルカメラ ⎣……	小型化、低消費電力優先の用途(高精細・高感度) ⎡デジタルカメラ 　モバイル端末用カメラ 　携帯電話カメラ 　スマートフォンカメラ 　タブレット端末カメラ ⎣……

2-6 圧力センサー
――物質に及ぼす圧力をキャッチする

圧力センサーは固体、液体、気体などが**物質に及ぼす圧力を検出するデバイス**で、感圧センサーとも呼ばれます。

圧力センサーにも様々な種類のものがありますが、近年最も数多く使われているのは、シリコンMEMS技術（P.34 §2-3参照）を利用したものです。その中でもポピュラーな「ピエゾ抵抗型」と「静電容量型」と呼ばれる2つのセンサーについて見てみましょう。

①ピエゾ抵抗型センサー

構造例を図2-10に示します。MEMS技術により単結晶シリコンの極薄膜（ダイヤフラム）を形成し、それをガラス基板などの上に貼り付けます。ダイヤフラムの表面にイオン注入などによって不純物を添加した領域（ゲージ部）を設けます。このダイヤフラムに圧力（たとえば空気圧）が加わるとダイヤフラムがたわんで弾性変形し、いわゆる「ピエゾ抵抗効果」で、ゲージ部の電気抵抗値

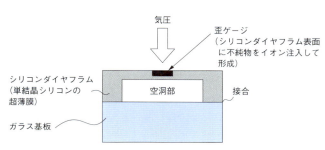

シリコンダイヤフラムに圧力が加えられると、ダイヤフラムがたわんで変形し、いわゆる「ピエゾ抵抗効果」により、歪（ひずみ）ゲージの電気抵抗が変化する。

図2-10　ピエゾ抵抗型圧力センサーの構造断面図

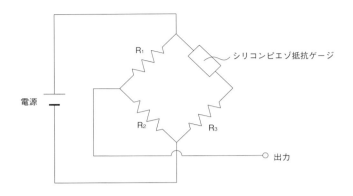

図2-11　歪（ひずみ）ゲージの電気抵抗変化を検出する回路

が変化します。この変化を**図2-11**に示した回路で検出します。

②静電容量型センサー

　静電容量型センサーの構造例を**図2-12**に示します。シリコンダイヤフラムを中央の電極として、それを挟むように上下の電極を設け、基準圧力と測定圧力の差でシリコンダイヤフラムが変位し、上下電極との間に生じる静電容量の差を検出します。

　圧力センサーも、そのままアナログ信号で出力するタイプとADコンバータなどの処理回路を通しデジタル信号で出力するタイプがあります。圧力センサーは、クルマに使用されるものだけでもブレーキ、サスペンションの油圧、タイヤ空気圧、エンジン用の燃焼噴射圧、さらには燃料タンク圧、シートベルト着用検出まで様々ですが、他にも携帯電話、スマートフォン、カーナビ、家電製品、医療機器、工業計測その他、およそ精密機械には必ずといってよいほど使われています。

第2章 半導体センサーが"現場の状況"をリアルタイムにキャッチする

[断面模型図]

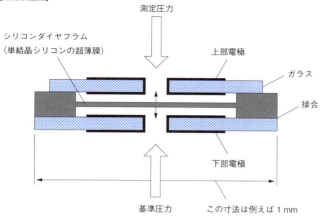

基準圧力と測定圧力の差でシリコンダイヤフラムが変形し、上下の電極との距離が変わり、それに伴って静電容量が変化するのを検出する。

[鳥瞰図]

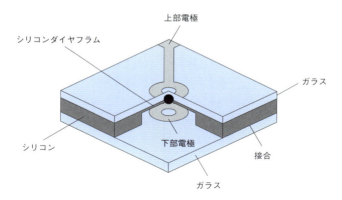

図2-12　静電容量型圧力センサー

2-7 加速度センサー
──X方向、Y方向の変位を検出する

　加速度(単位時間当たりの速度の変化)を検出する装置が加速度センサーです。近年になってMEMS技術を利用したものが実用化されるにともない、幅広く普及してきています。

　図2-13はシリコンMEMS技術を用いた静電容量式の加速度センサーの構造模型図です。バネとしての梁によって支えられ、重量・運動や振動・衝撃を受けて変位する質量部と、X方向とY方向の変位を検出するための櫛状部からなっています。

　ここで、変位する質量部の質量をm、梁のバネ定数をkとし、センサーが加速度aを受けた時の、X方向の質量mの変位をx(またはY方向の変位をy)とすれば、ニュートンの運動第二法則とフックの法則により、$ma = kx$が成り立ちます。すなわち、$a = (k/m)x$となりますから、変位量xがわかれば加速度aが求められます。静電容量式では、xは櫛形電極キャパシタの容量変化から求められます。ここでは、X軸方向とY軸方向の平面上の加速度を検出する2軸センサーについて説明しましたが、この他に1軸センサーや3軸センサーも存在します。

　加速度センサーの多くはアナログ出力ですが、センサーモジュールとしては、図2-14に示したように、アナログ信号をデジタル信号に変換するADコンバータ、変換されたデジタル信号に各種の演算処理を行う制御装置(MCU)、加工された信号を外部に送るための装置(無線通信LSI)などから構成されます。

　加速度センサーは、クルマのカーナビやエアバッグ、携帯電話やスマートフォン、ゲーム機、手ぶれ補正機能の付いたビデオカメラやデジカメ、プロジェクターなどに利用されています。

第2章 半導体センサが"現場の状況"をリアルタイムにキャッチする

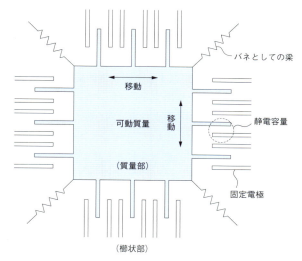

加速を受けた可動質量部が X 方向や Y 方向に動くと、
可動部の電極と固定電極の間のオーバーラップ面積が
変わり、その結果として静電容量が変化する。

図2-13 シリコンMEMS技術による加速度センサーの構造模型図

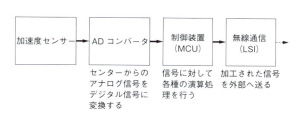

MCU：Micro Controller Unit　超小型制御装置
LSI：Large Scale Integration　大規模集積回路

図2-14 加速度センサーモジュールの構成図

2-8 ジャイロセンサー
――コリオリの力を利用して「回転速度」を検出

　ジャイロセンサーは、回転する物体の角速度、すなわち「単位時間当たりの回転速度」を検出するセンサーです。ジャイロという名称は元々、回転するコマの軸が一定方向を向くことを利用して、物体の空間内での向きを検出するジャイロスコープに由来しています。ここではシリコンMEMS技術による静電容量変化を利用した、振動式ジャイロセンサーについて説明します。

　図2-15に示したように、速度vで移動している質量mの物体に、角速度ω（度／秒）の回転を加えると、質量の移動方向と回転軸の両方に直交する方向にコリオリの力（慣性力の一種：$F = 2m\omega v$）が発生します。振動式ジャイロセンサーは、MEMS素子を振動させ、これに外部から回転が加えられたときに生じるコリオリの力を検出することで物体に加わった角速度を計算できる仕組みを利用しています。実際のジャイロセンサーでは、加速度センサーと同様、コリオリの力による可動質量の変位を「静電容量の変化」として検出します（図2-16）。ここまでは1軸ジャイロセンサーを

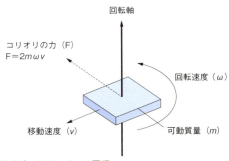

図2-15　振動式ジャイロセンサーの原理

例に構造や動作原理を説明しましたが、他の軸を検出する電極ブロックを作り付けることで、2軸や3軸のジャイロセンサーへ拡張できます。ジャイロセンサーはアナログ信号のまま出力されるか、**図2-17**に示したように、ADコンバータでデジタル信号に変換してから信号処理用LSIを経て出力されます。

　ジャイロセンサーは携帯電話、スマートフォン、携帯ゲーム機などのモーションセンシング、デジカメの手ぶれ補正、ロボットの姿勢制御、カーナビシステムのデッドレコニング（位置、姿勢の推定・検出）などに利用されています。

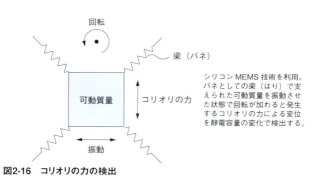

図2-16　コリオリの力の検出

図2-17　ジャイロセンサーモジュール

2-9 シリコンマイク
――MEMS技術による小型・高性能マイク

シリコンマイクは、シリコンMEMS技術を用いて作製した音波を検出する小型のマイクロフォンです。コンデンサ型シリコンマイクの構造模型を図2-18に示します。この図では、単結晶シリコンの空洞（キャビティ）の上部にシリコンメンブレイン（薄膜）が形成され、その上に数ミクロンの間隔をあけて、音波用の孔を多数開けた背面電極（バックプレート）が設けられていて、メンブレインとバックプレート間にコンデンサが形成されています。これに音圧が加えられシリコンメンブレインが振動すると、メンブレインとバックプレート間の距離が変化し、その結果、コンデンサの容量が変化するので、音圧が電気信号に変換されます。

ここで実際のシリコンマイクの製品で使われている図2-18の構造では、面積は1.5mm^{2}以下で、厚さは0.5mm以下です。

シリコンマイクにも、次ページの図2-19に示したように、アナログ信号で出力するタイプと、デジタル信号に変換してから出力

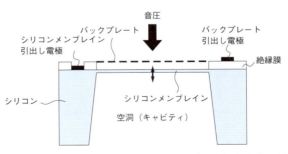

音圧によってシリコンメンブレインが振動すると、メンブレインとバックプレート間の距離が変化し、その結果コンデンサの容量が変化するので、音圧は電気信号に変換される。

図2-18　コンデンサ型シリコンマイクの構造模型

するタイプのものがあります。アナログタイプでは、電源(V_{DD})から基準電圧回路(V_{REG})で発生させた電圧をチャージポンプ回路(CP)で昇圧し、シリコンマイクに供給します。この状態でシリコンマイクからの電気信号はプリアンプ(PreAMP)によりインピーダンス変換とゲイン調整され、外部にアナログ信号として出力されます。

　ここで**インピーダンス変換**とは、信号を伝送する2つの回路の間でインピーダンス(交流での抵抗)が大きく異なると、伝送による電力ロスや伝送波形の歪が大きくなるという不都合が生じるため、入力側と出力側のインピーダンスの整合をとる(変換する)ことを意味します。また**ゲイン調整**とは、互いにトレードオフの関係にある音の歪とパワーに関し、音が歪む直前のフルパワーで動作させるため、アンプの入力感度を調整することを意味します。

　一方、デジタルタイプでは、さらにADコンバータを追加し、デジタル信号に変換してから出力します。シリコンマイクは、小型・高性能で振動や衝撃に強いことに加え、各種回路とのモジュール化も容易です。このため、携帯電話、スマートフォン、クルマ、ロボットなど各種機器に広く利用されています。また、シリコンマイクを応用した超小型で高性能の超音波センサーもあり、10〜数十kHz(キロヘルツ)と広帯域周波数特性と指向性を持ち、応答性にも優れているので、様々な用途があります。

　図2-19に示した、一般的なシリコンマイク(モジュール)全体の面積は数mm^2で、厚さは1〜2mmと、非常に小型のマイクです。

[アナログ出力]

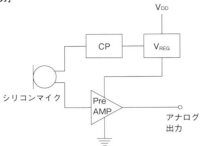

電源（V_{DD}）から基準電圧回路（V_{REG}）で発生させた電圧を、チャージポンプ回路（CP）で昇圧しシリコンマイクに供給する。
シリコンマイクからの電気信号はプリアンプ（PreAMP）により、インピーダンス変換とゲイン調整され、外部にアナログ信号として出力される。

[デジタル出力]

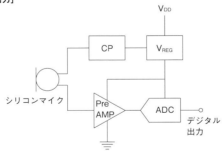

アナログ出力型に AD コンバータ（ADC）を追加し、アナログ出力信号はデジタル出力信号に変換されて外部に取り出される。

図2-19　シリコンマイクの出力法

2-10 磁気センサー
──HDDの磁気ヘッドからクルマのタイヤ圧検出まで

　半導体のホール効果を用いたものに磁気センサー(磁気抵抗型センサー)があります。ホール効果とは、次ページの図2-20に示したように、電流が流れている半導体に電流と垂直方向の磁界をかけると、電流と磁界の両方に直交する方向の起電力が発生する現象のことです。

　今、半導体に流す電流(制御電流)をI_C、その制御電流に垂直の方向にかける磁界の強さをB、ホール素子の感度をKとすれば、ホール素子の出力電圧(V_H)は、

$$V_H = K \times I_C \times B$$

で表されます。ホール電圧は磁界に比例するため、使いやすいデバイスです。図2-21に磁気抵抗型センサーの例を示します。

　ここでは、ガリウムヒ素(GaAs)基板上に、折れ線状のスズ(Sn)をドープしたインジウムアンチモン(InSb)の薄膜ストライプを形成し、磁気抵抗素子としています。インジウムアンチモンが多く用いられるのは、他の半導体材料に比べ、電子移動度(＝動きやすさ)が非常に高く、その分、磁気抵抗効果も大きくなるためです。このインジウムアンチモンの薄膜ストライプの両端の電極から電圧を加えて電流を流した状態で、薄膜ストライプ面に垂直方向の磁界が加えられると、ホール効果によって電流の流れる向きが外部電界に対して傾く(＝ホール角)ため、薄膜ストライプを流れる電流の実質的な経路が長くなり、薄膜ストライプ両端からの電気抵抗が増加して見えます。

　磁気センサーは、非接触電流検出、情報記録媒体の磁気ヘッド、磁気探傷装置、脳磁計、ノートパソコンやディスプレイ、パネル

から冷蔵庫のドア開閉検出、エアコンのファン制御、クルマのタイヤ圧検出、ペダルやトランスミッションの位置検出など多くの分野で利用されています。

ホール効果の原理

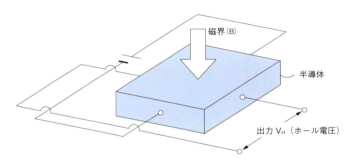

電流が流れている半導体に、電流と垂直方向（紙面の上から下へ）に磁界をかけると、電流と磁界の両方に直交する方向に起電力が発生する現象を「ホール効果」と呼ぶ。

ホール電圧 V_H

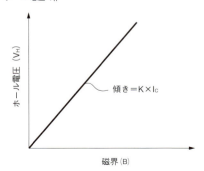

$$V_H = K \times I_C \times B$$

I_C：半導体に流す電流
B：I_C に垂直にかけた磁界の強さ
K：ホール素子の感度

図2-20　ホール効果の原理とホール電圧V_H

第2章 半導体センサーが"現場の状況"をリアルタイムにキャッチする

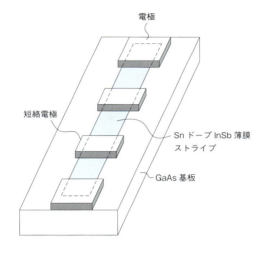

ガリウム砒素(GaAs)基板上にスズ(Sn)をドープしたインジウムアンチモン(InSb)の薄膜ストライプを形成し、電気抵抗素子としている。

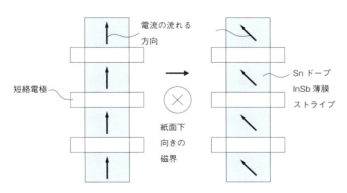

インジウムアンチモン(InSb)の薄膜ストライプの両端の電極から電圧を加えて電流を流した状態で、薄膜ストライプ面に垂直方向(紙面の下向き)の磁界が加えられると、ホール効果によって電流の流れる向きが外部電界に対し傾くため、電流の実質的経路が長くなり、薄膜ストライプ両端から見た電気抵抗が増加して見える。

図2-21 磁気抵抗型センサーの例

2-11　ガスセンサー
——酸化スズの電気抵抗の変化でガス濃度を検出

　半導体ガスセンサーの一例を図2-22に示します。ここでは、アルミナ基板の表面にガスを検出するための酸化スズ(SnO_2)からなる感ガス部と、裏面には感ガス部の検出感度を上げるために温度を上げるヒーター材料と、感ガス部とヒーターから出る金属電極から構成されています。感ガス部は酸化スズの粉体を焼結したものに、検出すべきガスの種類に応じた触媒が添加されます。

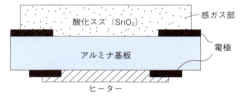

図2-22　半導体ガスセンサーの例

　図2-23に示したように、ガスセンサーは清浄な空気中では酸化スズの表面には酸素が吸着しているため、酸化スズ粒子の表面近傍には自由電子がなく、プラス電荷のイオンだけが存在する空間電荷層と呼ばれるバリヤができています。この酸化スズを400℃程度に熱し、還元性ガス(水素H_2など)にさらすと、酸化スズ粒子の表面に吸着されていた酸素が剥ぎ取られ、空間電荷層は薄くなります。すると、酸化スズ粒子間のバリヤが下がり、電子は酸化スズの中を流れやすくなります。したがって、ガス濃度の変化は酸化スズの電気抵抗の変化に変換されます。

　感ガス部には、酸化スズの粉体を焼結したものに、検出すべきガスの種類によって適切に選ばれた触媒を添加したものが利用さ

清浄な空気中

空間電荷層と呼ばれるバリアができているため、電流はほとんど流れない

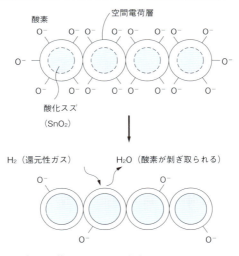

還元性ガス（H_2など）にさらされた場合

酸化スズ粒子間のバリアが下がって、電流が流れやすくなる

図2-23　ガスセンサーの動作原理

れます。

　ガスセンサーによって検出されるガスには、一般家庭の都市ガスから、一酸化炭素（CO）、生ゴミやペットの臭い、揮発性有機化合物ガス（シックハウス症候群の原因）から空気の汚れまで様々で、家庭でもガス漏れ警報器はもとより、空気の汚れを検出し、換気扇やルームエアコンの自動制御を行うためのセンサーとしても利用されています。近年、MEMS技術の進展により、小型化、省電力化、低コスト化などの利点があるMEMSガスセンサーの導入が進められています。

2-12 タッチセンサーとタッチパネル
——容量の増加分から「タッチ」を検出

　タッチセンサーは、人が指で触れたり圧力を掛けたりしたことを感知するセンサーで、人と機械をつなぐMMI（Man Machine Interface：マン・マシン・インターフェス）の代表的なものの1つです。近年、「組み込み機器」のMMIに、オーバーレイに指でタッチしたり、指を滑らせたりする直感的な操作が可能なタッチセンサーの導入が、急激に拡大してきています。

　タッチセンサーにも様々なタイプがありますが、ここでは、近年、スマートフォンやタブレット端末に多用されているタッチセンサーとそれを用いたタッチパネルに多用されている静電容量式と呼ばれるタッチセンサーを取り挙げて説明します。

　このセンサーの基本的な構造と原理を図2-24に示しています。このセンサーは静電容量式の中でも、特に「自己容量方式」と呼ばれるタイプのものです。この方式では、単一の電極と指先（GND＝接地）の間の静電容量を検出し、タッチ状態であるか否かを判

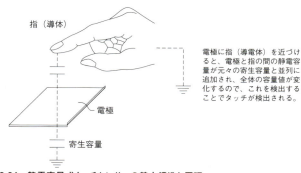

電極に指（導電体）を近づけると、電極と指の間の静電容量が元々の寄生容量と並列に追加され、全体の容量値が変化するので、これを検出することでタッチが検出される。

図2-24　静電容量式タッチセンサーの基本構造と原理

断します。もともと電極は、GNDとの間に一定の静電容量（寄生容量と呼ばれる）を持っていますが、指先が電極に近づくと新たな容量が寄生容量と並列に追加されるため、合計の容量が増え、その「増加分」を直接計測することで、タッチを検出します。

したがって、指を押しつける必要はなく、ほんの軽いタッチで検出可能ですが、一方で操作面に液体が付着した場合などは、それによって容量が変化しますので、正確な検出が困難になるという欠点もあります。

タッチセンサーは、エレベーターのボタン、自動ドアのタッチスイッチ、ヒューマノイド型をはじめとする各種ロボットの手足用のセンサーなどに利用されています。このタッチセンサーを使ったタッチパネルが、静電容量式タッチパネルです。

図2-25に、この静電容量式タッチパネルの構造と検出原理を示しています。ガラス基板の上に、酸化物半導体のITO（酸化インジウムにスズを添加した化合物）の透明電極を、X方向とY方向に互いに直交する形で配置します。このタッチパネルに指先で軽くタッチすると、その場所に応じたXとYの位置での静電容量が変化するので、位置を検出できます。

このタッチパネルは、「触れた／触れない」のデジタル情報だけでなく、ジェスチャー動作、すなわち指の移動や速度に応じた反応を検出し意味付けができるため、「アナログ容量結合方式」と呼ばれることもあります。静電容量式タッチパネルはスマートフォン、携帯ゲーム機、銀行のATM、発券機などに広く利用されています。

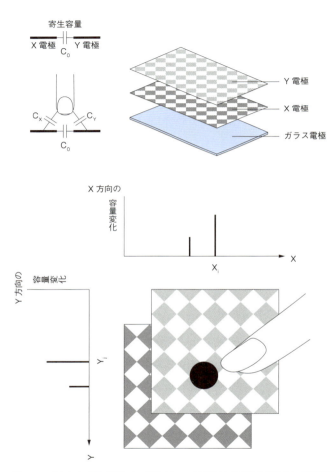

パターニングされた ITO（酸化インジウムにスズを添加した酸化物半導体）の透明電極を、X 方向のセンサーと Y 方向のセンサーとして互いに直交させ、ガラス基板の上に配置しておく。これに指を近づけると、指がタッチした部分（X_i, Y_i）の電極が容量を形成し、全体の容量が変化するので、逆に容量変化からタッチした場所がわかる。

図2-25　静電容量式タッチパネルの基本構造と原理

2-13 サーミスタ
――安価で小型、測定温度範囲も広い

　サーミスタ(Thermistor)は、その名称の由来"thermally sensitive resistor"(感熱抵抗器)からも明らかなように、「**温度によって電気抵抗値が変化する酸化物半導体を用いた温度センサー**」を意味します。サーミスタで用いられている酸化物半導体とは、金属酸化物を主成分として焼結した半導体セラミックからできたもののことです。

　一般に、半導体の電気伝導度は、温度の上昇と共に増加しますので、サーミスタはこの特性を利用して温度を検出します。**図2-26**にサーミスタの基本構造と動作原理を示しておきます。

　また感温性は、酸化物半導体に様々な添加物を加え制御されます。サーミスタには、NTCサーミスタ、PTCサーミスタ、CTR

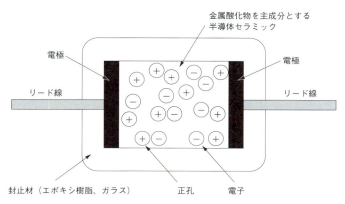

金属酸化物を主成分として焼結した半導体セラミックは、温度によって内部の電子と正孔(第4章で説明)の数が変化し、その結果、電気抵抗値が変わる。このことを利用してサーミスタは温度を測定することができる。測定可能な温度範囲は、ほぼ−50℃〜150℃の範囲である。

図2-26　サーミスタの基本構造と原理

サーミスタと呼ばれるものがあり、それぞれ、抵抗値の温度変化が異なる特性を持っています。

図2-27に、それぞれのサーミスタの特性比較をまとめて示してあります。NTC（Negative Temperature Coefficient）サーミスタは、「温度が上がると、抵抗が小さくなる」という負の温度係数を持ちます。多くはマンガン、ニッケル、コバルトなどの金属酸化物によるセラミック半導体で、温度測定や温度補償などの目的に利用されています。

PTC（Positive Temperature Coefficient）サーミスタは、ある温度から急激に抵抗値が増加する正の温度係数を持ち、チタン酸バリウムを主成分とする酸化物半導体セラミックです。

CTR（Critical Temperature Resistor）サーミスタは、前述したPTCサーミスタとは逆に、ある温度を超えると急激に抵抗値が減少します。バナジウムの酸化物に添加物を加えて焼結し、作製します。

サーミスタの精度はそれほど高くないものの、比較的安価で小型、さらに寿命も長く、測定温度範囲も−50℃〜150℃ぐらいと広いという特徴があります。このサーミスタの特徴を利用して、デジタル体温計や電気毛布から気象観測ラジオゾンデに至るまで、様々な分野で使われています。

種類	特性曲線	特徴	使用材料
NTCサーミスタ	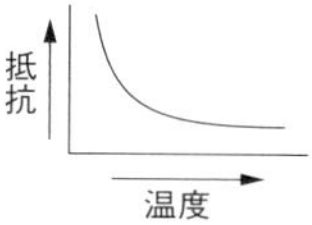 抵抗↑／温度→（右下がり曲線）	負の温度係数を持つ	マンガン、ニッケル、コバルトなどの金属酸化物によるセラミック
PTCサーミスタ	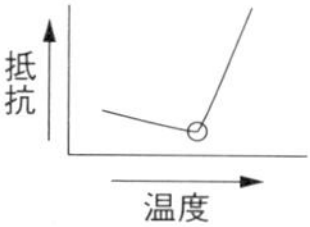 抵抗↑／温度→（ある点から急上昇）	ある温度を超えると急に抵抗が上がる	チタン酸バリウムを主成分とする
CTRサーミスタ	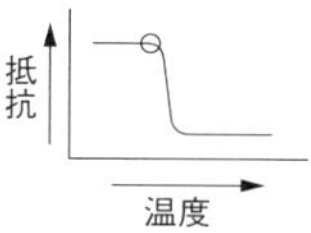 抵抗↑／温度→（ある点で急下降）	ある温度を超えると急に抵抗が下がる	バナジウムの酸化物に添加物を加えて焼結する

NTC：Negative Temperature Coefficient 「負の温度係数」の意
PTC：Positive Temperature Coefficient 「正の温度係数」の意
CTR：Critical Temperature Resistor 「クリティカル（臨界）温度抵抗」の意

図2-27 サーミスタの特性比較

コラム　呼気データでガンを診断できる!?
――IoTで、いつでも、どこでも、誰でも診断可能

　IoTの進展に伴い、将来は1兆個もの膨大なセンサー類がつながるようになる、ということは前述した通りです。

　センサーを五感すなわち、視覚、触覚、聴覚、味覚、嗅覚と対比させて考えると、小型・軽量・高精度・低価格の味覚センサーや嗅覚センサーはまだまだ不十分なレベルといえます。しかし、もし優れた嗅覚センサーが開発されれば、医療やヘルスケアの分野に多大な貢献をもたらすと考えられています。

　その理由の一つに、生体ガスと病気との関連性に関する最新の研究があります。すなわち、呼気に含まれるガスや皮膚細胞の隙間から出るガスと病気の相関性に対する知見が徐々に増えつつあるからです。例えば、アセトアルデヒドと肺癌、アセトンと糖尿病、アンモニアやエタノールと肝硬変、等々です。このような生体ガス診断は、簡易な検診のほかに治療経過の観察にも大いに役立つでしょう。今後、分析ガスの種類や臨床例を増やし、相関精度を上げつつ、医学的知見の拡大と根拠の確立が必要になります。

　このような目的のセンサーの1つとして、MEMS技術を用いたMSS（膜型表面応力センサー）と呼ばれる超小型嗅覚分析センサーシステムも研究開発されています。このセンサーは、MSS表面に感応膜を塗布し、この膜にガス分子が吸着するとわずかな歪が発生する現象を利用しています。

　このような、いつでも・どこでも・だれでもできる診断装置向けセンサーを開発量産化し、得られたデータをIoTのビッグデータ解析により、早期かつ的確な診断につなげることで、医療の革新的な進歩が期待されています。

第 3 章

《モノ》のデータをいかに
インターネット経由で
処理するか

3-1　IoTの第2段階「インターネットにつなぐ」
――データを送信する前の基本知識

　IoTでは、「ありとあらゆるモノ」がインターネットにつながるといいましたが、具体的にどのようにつなげるのでしょうか？

　本章では、このつなげ方、すなわちデータの送信法について説明しますが、個々の内容に入る前に、ここでは一般的な事項について述べておきたいと思います。つなげ方を考える（選択する）上で、考慮しなければならないのは、まず、データ量の多／少、送信速度の速／遅、消費電力の大／小、送信距離の遠／近、伝送の規格（プロトコル）などがあります。さらに、方式との関係で考えると、アクセスポイントの要／不要、輻輳（混み合い）の有／無、コストと料金の有／無などがあげられます。

　このような点を考慮すると、実はIoTでの《モノ》は、**表3-1**に示したような3つのグループに分けることができます。

　ここで第1グループの《モノ》は、「ヒト」すなわち人間が直接関与する「情報端末」で、たとえば、パソコン、スマートフォン、タブレット端末などが含まれます。第3グループの《モノ》は、いわゆる「物」で「センサー」に代表されます。第2グループの《モノ》は、いわゆる「キカイ」、つまり各種の「機器・装置」です。このため、第2グループの《モノ》は、第3グループに近い《モノ》から第1グループに近い《モノ》まで幅広くあり、たとえば、家電、産業機械、防犯カメラ、自動販売機などが含まれます。

　これら各グループの《モノ》は、**図3-1**に示したように、インターネット上のクラウドサーバに、Web（ウェブ）、Wi-Fiや3G／LTEを介して、あるいはBluetooth（ブルートゥース）やZigBee（ジグビー）、Wi-SUN（ワイサン）などと呼ばれる近距離通信技術を用

表3-1 IoTにおける《モノ》

第1グループの《モノ》	第2グループの《モノ》	第3グループの《モノ》
「ヒト」 ≒ 情報端末	「キカイ」 ≒ 一般的な機器・装置	「モノ」 ≒ 物
パソコン スマートフォン タブレット端末 …	家電 産業機械 防犯カメラ 自動販売機 …	センサー …

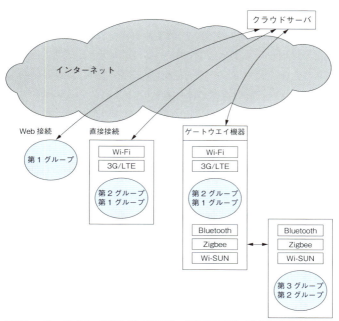

LTE：Long Term Evolution の略語。3G の次の新しい携帯電話の規格。4G までの規格で 3.9G とも呼ばれる。
Bluetooth、Zigbee、Wi-SUN：短距離無線の通信規格

図3-1　インターネットへの《モノ》のつなげ方

いゲートウェイ(GW)と呼ばれる中継器を介して、インターネットにつなげられ、クラウドとの間でデータの送受信を行います。

●無線通信の3つの構成部分

　ここで、IoTで使われる無線通信を例にとり、そこで使われている半導体デバイスの主な機能について少し見てみましょう。一般的に無線機器は、アンテナ、RF部(Radio Frequency高周波)、ベースバンド部の3つの部分に大別されます。

　アンテナは電波を空間に放射したり、受け取ったりする装置です。

　RF部は空中を飛ぶ電磁波の信号を扱う部分、ベースバンド部はそのアナログ信号をデジタル信号に変換してから様々なデジタル信号処理を行う部分です。RF部は、アンテナと送受信回路の切り替えを行う「スイッチ」、信号増幅を行う「増幅回路(アンプ)」、決められた周波数の電波だけを通す「バンドパスフィルタ」、基準信号を作る「局所発振器」、元の信号に戻す受信側の「復調回路」または「検波回路」、送信側の搬送波を変化させる「変調回路」などの役割を持ちます。

　ベースバンド部の受信側は、アナログ信号をデジタル信号に変換する「ADコンバータ(ADC)」、様々なデジタル信号処理を行う「受信回路」、送信側は、デジタル信号をアナログ信号に変換する「DAコンバータ(DAC)」、さらに通信プロトコルの処理を行う「プロトコルスタック回路」などが含まれます。これらの回路はすべて半導体デバイスで構成されています(**図3-2**)。

　以上、いろいろな名称が出てきましたが、ここでは「つなげる」という視点から大筋のイメージをつかんでもらえれば十分です。詳しくは次節(§3-2)以降で説明します。

第3章 《モノ》のデータをいかにインターネット経由で処理するか

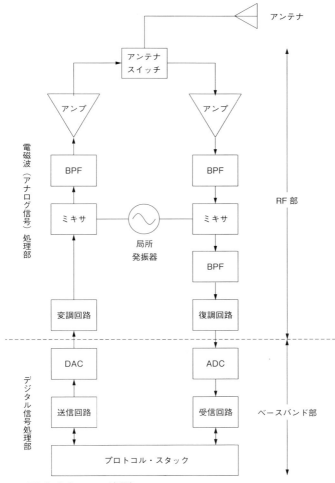

RF：Radio Frequency　高周波
BPF：Band Pass Filter　一定の帯域の電波だけを通す
DAC：Digital Analog Converter　デジタル信号をアナログ信号に変換する
ADC：Analog Digital Converter　アナログ信号をデジタル信号に変換する

図3-2　一般的な無線機器に使われる半導体デバイス

3-2 「通信距離」で見た無線通信規格の区別
——流行りのRFIDから、Bluetooth、Wi-Fiまで

　無線通信ネットワーク技術は、それに接続された機器が相互にデータをやり取りできる目安の距離によって、図3-3のように分けられます。距離が短い方から「近距離無線（10m以下）」、「無線PAN（10～20m）」、「無線LAN（100m以下）」、「無線MAN（100km以下）」、「無線WAN（100km超）」と呼ばれています。

①近距離無線

　ICタグなどに検討されているNFC（Near Field Communication：P.79 §3-4参照）は、近距離無線通信の国際標準規格で、10cm程度の双方向通信が可能な、Felica（フェリカ）の上位互換規格です。また短距離無線には高周波電波を用いたRFID（Radio Frequency Identification：P.79 §3-4参照）と呼ばれる無線ICタグ（RFタグ）に記録された個別情報をリーダー／ライターと近距離無線で読み書きするシステムもあります。

②無線PAN

　無線PANはWPAN（Wireless Personal Area Network）とも呼ばれ、10m程度までの、つまり1人の人間が身に付けたり机などに並べて使う範囲の距離をカバーする無線通信技術です。無線PANには、Bluetooth（ブルートゥース）やZigBee（ジグビー）と呼ばれる方式があります。

　Bluetoothは2.4GHz帯で、10m程度の通信距離、1～24Mbpsの通信速度を持ち、プロトコルはIEEE802.15.1です。Bluetoothは機器の接続が容易で省電力であることから、マウスやキーボード

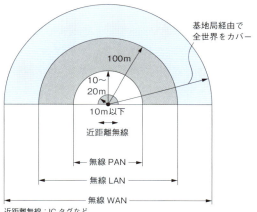

近距離無線：IC タグなど
無線 PAN：Wireless Personal Network「無線パン」WPAN とも
無線 LAN：Wireless Local Area Network「無線ラン」MLAN とも
無線 WAN：Wireless Wide Area Network「無線ワン」WWAN とも

図3-3 通信距離の目安による無線通信技術の分類例

などのパソコン周辺機器、スマートフォン、ヘッドセット、ミュージックプレイヤーなどの小型機器との接続に用いられています。

　ZigBeeは2.4GHz帯で、1m～300mの通信距離、20～250kbpsの通信速度を持ち、プロトコルはIEEE802.15.4です。ZigBeeはBluetoothに比べ、スリープからの回復時間に大きな違いがあり、またZigBeeは接続できる端末数が多いという特徴があるため、複数のセンサー情報を同時に収集するようなIoTシステムで、一定期間を空けてデータ送信を行い、その分消費電力を低く抑えられます。そのため、センサーデータの収集やFA（Factory Automation工場自動化）向けの計測・制御などに利用されています。

③無線LAN

無線LANはWLAN（Wireless Local Area Network）とも呼ばれ、100m程度までの通信距離をカバーします。通信規格はIEEE802.11ですが、現在は共通規格としてのWi-Fi（ワイファイ）が世界標準になっています。

Wi-Fiは2.4（5）GHz帯で、100メートル程度の通信距離、11～54Mbpsの通信速度を持ち、プロトコルはIEEE802.11xです。Wi-Fiはデータ通信やインターネット接続に使われています。Wi-Fiは一般家庭やオフィスはもとより、ホテル、喫茶店、コンビニエンスストア、駅や空港などの公共施設などのホットスポット

表3-2　一般的な無線技術の比較

	Bluetooth（ブルートゥース）	ZigBee（ジグビー）	Wi-Fi（ワイファイ）
周波数 通信距離 通信速度 プロトコル	2.4GHz 10m 1～24Mbps IEEE802.15.1	2.4GHz 1m～300m 20～250kbps IEEE802.15.4	2.4（5）GHz ～100m 11～54Mbps IEEE802.11x
特徴	機器の接続が容易 省電力 マウス、キーボード、スマホ、ヘッドセット、ミュージックプレイヤー	スリープからの回復が速い 接続できる端末数が多い センサーのデータ収集 FA向けの計測・制御	データ通信 インターネット 一般家庭 オフィス ホテル 喫茶店 コンビニ 公共施設 （駅、空港）

FA：Factory Automation　工場自動化

に設置され、無料で利用できる環境も整ってきています。**表3-2**にはWi-Fi、Bluetooth、ZigBeeの特徴をまとめて示しておきます。

④ 無線WAN

　WAN（Wide Area Network）はルータより外の世界、つまり回線事業者やプロバイダーが管轄する広域通信網で、光ファイバーやケーブルテレビ回線などが使われます。現在の主流はLTE（Long Term Evolution）で3.9/4G（第3.9/4世代移動通信）と呼ばれています。WANのうち無線WANは、携帯電話やPHSなどの無線通信機器を利用して、広い範囲でインターネット接続ができる機能です。

　ここでLAN、WANとインターネットの基本的な違いについて考えてみましょう。

　いま、ある大きな生産会社があって、東京に本社があり、国内と海外にいくつかの工場を持っているとします。この場合、本社や各工場内のそれぞれの構内ネットワークがLANで、そのLANをグローバルにつなぐネットワークがWANです。

　LANやWANは、いわば「閉じたネットワーク」です。そこにはネットワーク管理者が存在し、各種設定やユーザーの利用権限を定めたり、不正アクセスや利用者の監視を行います。これに対し、インターネットは「開かれたネットワーク」です。ネットワークの統括者は存在せず、共通ルールとしてのプロトコルやIPアドレスが定められ、それに従いさえすれば誰でもインターネットに接続できます。もちろん、LANやWANであっても条件を設定すれば、その企業にとってオープン可能な情報だけをインターネットに接続し、載せることは可能です。

3-3 IoTに焦点を当てた新しい無線通信技術
―― 無線PAN、無線LAN、無線WANのIoT規格

　前節では距離による各種の無線通信技術について説明しましたが、本節では、それをベースにした上で、あくまでIoTに焦点を当てた場合の、無線通信技術について見てみましょう（**表3-3**）。ただし、近距離無線（NFCとRFID）については次節で説明します。

①無線PAN
　IoTでの無線PANは、ゲートウェイやスマートフォンまでの近距離の通信用で、たとえば複数のセンサーからのデータを同時に収集することも想定したものです。この無線PANには、Bluetooth LE、ZigBee IP、Wi-SUNと呼ばれるものがあります。

● Bluetooth LE（ブルートゥースLE）
　Bluetooth LEのLE（Low Energy）は低エネルギー、すなわち省電力化を図ったという意味で、BLEやBTLEと略記されることもあります。Bluetooth LEは、2.4GHz帯を使い、最大通信速度は1Mbps、通信距離は2.5〜50mで、ボタン電池1つで数年もつほどの低消費電力です。Bluetooth LEは同時接続数に制限はありませんが、従来のBluetoothとは互換性がありません。

● ZigBee IP（ジグビーIP）
　ZigBee IPのIP（Internet Protocol）はインターネットプロトコルの意味で、具体的にはIPv6（バージョン6）、すなわち従来のIPv4が32ビットで管理していたIPアドレスを128ビット表記での管理により、今後のアドレス資源の枯渇に備えたアドレス割り当てが可能になりました。ZigBee IPは920MHz帯を使い、通信速度は50〜400kbps、通信距離は1km程度です。

表3-3 IoTに焦点を当てた無線通信技術

区分	主な用途	規格名	周波数	通信距離	通信速度	特徴
PAN	ゲートウェイやスマートフォンまでの近距離用で、複数のセンサーデータの同時収集を想定している	Bluetooth LE	2.4GHz	2.5〜50m	1Mbps max	ボタン電池1つで数年もほどの低消費電力で同時接続数に制限なし
		ZigBee IP	920MHz	〜1km	50〜400kbps	IPv6に対応
		Wi-SUN	920MHz	〜1km	50〜400kbps	日本発の世界標準規格。乾電池で10年稼働。スマートメーターやHEMS向け。IPv6対応。
LAN	M2M／IoT向けのWi-Fi新規格。オフィスや公共施設をカバーできる中距離通信	Wi-Fi Hallow	920MHz	〜1km	78Mbps max	無線PANに比べ大容量、省電力で、広域利用できる。規格名はIEEE802.11ah
WAN	高速で大量データをグローバルにカバー	LPWA、NB-IoT、5Gなど				LPWAとNB-IoTは主にヨーロッパで実用化開始。5Gは2020年からが目標。コネクテッドカー(IoT時代の情報端末としてのクルマ)などに有望。

LE：Low Energy　省電力型
IP：Internet Protocol
IPv6：IP version6 128ビットでIDアドレスを管理する
Wi-SUN：Wireless Smart Utility Network
HEMS：Home Energy Management System　一般家庭での電力やガスの使用量を「見える化」「自動制御」するシステム
LPWA：Low Power Wide Area Network
NB-IoT：Narrow Band-IoT

● **Wi-SUN（ワイサン）**

　Wi-SUNとはWireless Smart Utility Networkの略でワイサンと呼ばれます。日本発の世界標準無線通信規格で、920MHz帯を使い、通信速度は50〜400kbps、通信距離は1km程度です。乾電池で10年稼働可能という抜群の省電力性、そして雑音に強いという特徴を持っています。電力の自動検針システムから採用が開始され、これからもスマートメーターやHEMS（ヘムスHome Energy Management System）と呼ばれる電気やガスなどの使用料をモニター画面で「見える化」や「自動制御」するシステムに応用が広がっていくものと思われます。これもIPv6網に対応しています。

② **無線LAN**

　Wi-Fi Hallowは、M2M／IoT向けのWi-Fiの新規格で、消費電力の低さやオフィスや公共施設などの広範囲をカバーできる中距離無線通信方式です。920MHz帯を使い、通信速度は最大78Mbps、通信距離は1km程度です。無線PANに比べ高速で大容量の無線通信が省電力かつ広域で利用できるのが特徴で、通信規格は新しいIEEE802.11ahです。

③ **無線WAN**

　IoT対応の規格として、主にヨーロッパで実用化が開始されているLPWA（Low Power Wide Area network）やNB-IoT（Narrow Band-IoT）や日本の次世代規格5Gなどがあり、コネクテッドカー（IoT機能を付加したクルマ）などに使われることが期待されています。

3-4 短距離の無線通信（NFCとRFID）
——SuicaからIC運転免許証、ICタグまで

　ここでは短距離無線技術の代表的な例で、IoTにも関連が深いNFCとRFIDと呼ばれる規格について説明します。

①NFCの「かざして通信」

　NFC（Near Field Communication）とは「Near Field」の通り、無線を用いた近距離通信技術の規格のことです。NFCでは、短波HF帯（Hi Frequency 13.56MHz）を利用し、通信速度は最大でも424kbpsと比較的低速なため、数cm程度の短い通信エリア内での、少ないデータの双方向転送に使われます。

　NFCは、ソニーとオランダのNXPセミコンダクターズが共同開発した近距離無線通信の国際規格で、Felica（フェリカ）の上位互換規格にあたります。NFCでは「かざして通信」、たとえばNFCを搭載したスマートフォンをテレビにかざすだけで、記録している写真をテレビ画面に写しだしたり、プリンターに近づけるだけで、記録している写真をプリントアウトすることなどができます。

　NFC関連規格を、次ページの表3-4にまとめて示します。ソニーの独自規格であるFelica（フェリカ）は10cm以下の近接型で、JR東日本のSuica（スイカ：プリペイド型の共通乗車カード・電子マネー）、関東地方を中心にしたPASMO（パスモ：公共交通機関の共通乗車カード・電子マネー）、Edy（エディ：電子マネー）などが含まれています（図3-4）。

　表3-4のISO14443 TypeAと呼ばれる規格は、10cm以下の近接型で世界中に普及していて、企業の入退室管理などに使われています。ISO14443 TypeBは10cm以下の近接型で、IC運転免許証

表3-4　NFCの関連規格

規格	Felica	ISO14443 Type A	ISO14443 Type B	ISO15693
周波数帯	13.56MHz			
通信距離	10cm以下（近接型）	10cm以下（近接型）	10cm以下（近接型）	70cm以下（近接型）
主なカード	Suica PASMO Edy	Mifare	IC運転免許証 住民基本台帳カード	ICタグ

ISO：International　Organization for Standardization　国際標準化機構

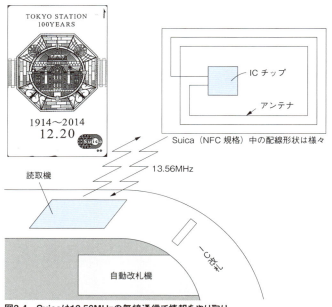

図3-4　Suicaは13.56MHzの無線通信で情報をやり取り

や住民基本台帳カードなどに使われています。ISO15693は70cm以下の近接型で、ICタグなどに使われています。

②RFID──NFCより広い規格

RFID（Radio Frequency IDentification）とは、高周波電波を使って無線タグ（RFタグ）に記憶された個別情報をリーダ／ライタとの間で読み書きする自動識別技術全般を意味し、数cm〜数mの近距離の無線通信です。

RFIDはバーコードとは違い、データの書き換えが可能で、個別のID管理もでき、読み取りが容易で、複数のモノやヒトのIDを一括して読み出すことも可能です。RFIDの基本的構成は、①ICタグとリーダ／ライタ、②IDに関連づけられたデータベース、③リーダ／ライタとデータベースやアプリケーションをつなぐミドルウェアの3要素からなっています。

表3-5に示したように、RFIDにもいくつかの種類・規格があります。まず、電磁誘導方式と電波方式に大きく分けられます。電磁誘導方式にも、中波（135kHz以下）を用い通信距離が10cm以下のもの、短波（13.56MHz）を用い通信距離が30cm以下のもの、電波方式にも、UHF帯の433MHzを用い通信距離が電池付きで

表3-5　RFIDの種類

方式	電磁誘導方式		電波方式		
使用電磁波	中波（MF）	短波（HF）	極超短波（UHF）		マイクロ波
周波数	〜135kHz	13.56MHz	433MHz	900MHz	2.45GHz
通信距離	〜10cm	〜30cm	〜100m（電池付）	〜5m	〜3m

MF：Medium Frequency
HF：High Frequency
UHF：Ultra High Frequency

100m以下のものと900MHzを用いた通信距離が5m以下のもの、さらにマイクロ波（2.45GHz）を用いた通信距離が3m以下のものなどがあります。

以上の説明からわかるように、先に説明したNFCは、RFIDの中の13.56MHz（電磁誘導方式）の周波数帯を利用している通信方式の一部といえます。

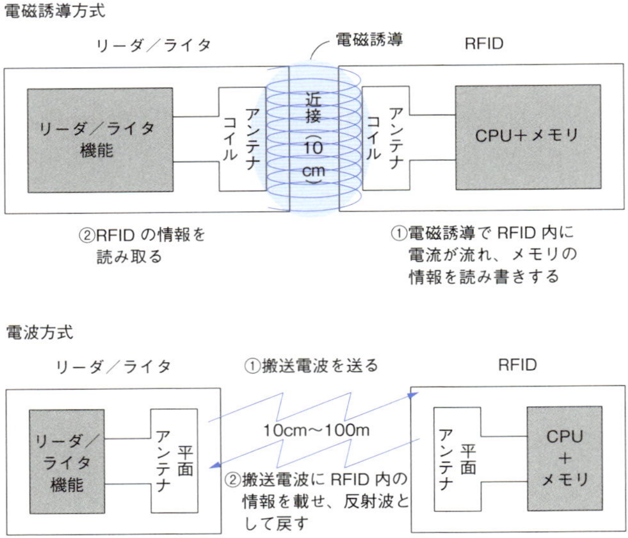

図3-5　RFIDの2つの方式

3-5 IoTで変わるデータ処理・ストレージ
―― FPGA、フォグ、SSD…と続々名乗り

　まさに天文学的データがインターネットに上がってくるIoT時代においては、データの処理とストレージ（データの保管）に関しても、新たな技術や考え方が必要になります。ここでは、ビッグデータの処理とストレージに関して、**表3-6**をもとに当面の課題や今後の向かうべき方向について考えてみましょう。

①データ処理（マイクロプロセッサからFPGAへ）

　最先端のデータセンターでは、データを処理するためのマイクロプロセッサ（コンピュータの頭脳部分）をFPGA（Field

表3-6　データセンターでのデータ処理頭脳デバイスの変化の傾向

	現在	進行中	今後
デバイス	マイクロプロセッサ	FPGA	ニューロモーフィック・チップ
特徴	・ソフトで働きを変更する汎用デバイス	・ユーザーが論理内容をプログラムできる専用演算回路 ・複雑な演算アルゴリズムを一気に実行でき、並列化による高速化も可能 ・これまでのMPUに比べ、電力当たりの性能は10～25倍向上	・人間のニューロンを形態的に模した非ノイマン型の全く新しいデバイス ・人間の「右脳」的なデータ処理能力を持つ ・電力当たり性能は飛躍的に向上する ・従来の左脳的コンピュータと組み合わせることでAI技術も飛躍的に進歩する。

FPGA：Field Programmable Gate Array　デバイスが完成した後で、ユーザーがソフトウェアにより論理機能をプログラムできる専用論理回路
MPU：Micro Processing Unit　超小型演算処理装置
AI：Artificial Intelligence　人工知能

Programmable Gate Array：P.160 §4-15参照）と呼ばれる、ユーザーが論理内容を変更できる専用演算回路に変更する動きが広がっています。その理由は、FPGAを使うことで複雑な演算アルゴリズムを一気に実行できるために大きな効果を発揮すること、さらに並列化による高速処理化も可能になることがあります。

　実際、従来のマイクロプロセッサを使った場合に比べ、FPGAは電力当たりの性能が10〜25倍も高くなるといわれています。これはマイクロプロセッサがソフトウェアの変更で様々な働きを変えられる「汎用マシン」であるのに対し、FPGAはあくまでも目的に特化した「専用マシン」にできるためです。

　さらに、その先にある技術としては、メモリに保存されたプログラムをCPUが順次読み出して処理するこれまでのノイマン型コンピュータに替わる非ノイマン型の半導体チップ（＝ニューロモーフィック・チップ：P.193 §5-5参照）の開発です。この半導体チップは、これまでのチップとは異なり、人間のニューロンの働きをハードウェア的に模した半導体チップで、人間の右脳的なデータ処理の機能を持っています。

　データセンターでは、AI（人工知能）技術をフル活用して、データの検索・選択・構造化・意味付け・判断などが行われますが、従来の左脳的な働きをするコンピュータと、このニューロモーフィック・チップとを組み合わせることで、データ処理能力は飛躍的に向上すると見られています。

　さらに、IoTのデータ処理として、センサーなどから上がってくる膨大で千差万別のデータを、複雑なネットワークを介して遠隔のクラウドに上げ、処理・蓄積するのも非効率的で、コスト負担が大きくなり過ぎると考えられます。そのため、プロセッサの小型・高性能化を背景に、ウェアラブルデバイスなどの《モノ》にデ

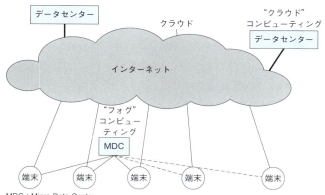
MDC：Micro Data Center
図3-6　データセンターからマイクロデータセンターへ

ータ処理機能を持たせ、それらデバイスで得た情報をリアルタイムに処理し、役立てることも広く行われるでしょう。

さらに、端末付近でディープラーニング（深層学習）によるAI技術を駆使し、収集データをすべてクラウドまで持って行かずに、近接するマイクロデータセンター（MDC、**図3-6**）で処理し、必要なデータだけをクラウドに乗せるやり方も注目されています。これは、クラウド（雲）コンピューティングに対し、「フォグ（霧）コンピューティング」とも呼ばれ、できるだけ端末近くで情報密度を上げようとする考え方です。

②データストレージ

データセンターにおける膨大なデータのストレージの分野でも、大きな変化が起き始めています。従来、補助記憶装置として使っていたハードディスク装置（HDD）を使っていた所に、NAND型

フラッシュメモリを記憶媒体とするSSD（Solid State Drive）や、SSDを複数台統合して一体管理しながら運用するフラッシュアレイに置き換える動きです。これにより、データセンターの運用コストの3分の1を占めるとされる電気料金を抑えられ、大幅なランニングコストの低減が期待できます。

さらに、常時電源供給が必要で、定期的にメモリ内容のリフレッシュが必要なメインメモリとしてのDRAMに替わる、高アクセス速度の不揮発性メモリとしての「万能メモリ」の研究開発も進められており、実現すれば消費電力が激減できるだけでなく、メモリに留まらずデータ処理システム全体に多大な影響をもたらすことでしょう（**表3-7**）。

なお、NAND型フラッシュメモリについては第4章（§4-10）で、万能メモリについては第5章（§5-4）で詳しく説明します。

表3-7　データセンターのデータストレージで起きている動き

	現在	進行中	今後の方向
記憶装置　←主記憶装置　　　　　　←補助記憶装置	DRAM　→　DRAM HDD　　→　SSD	（フラッシュメモリ／フラッシュアレイ） 消費電力の削減によりデータセンターのランニングコストが抑えられる	万能メモリ DRAMの高速書き込み・読み出し速度とフラッシュメモリの不揮発性を合わせ、消費電力を激減情報システム全体を変えるポテンシャルを有する

DRAM：Dynamic Random Access Memory　記憶保持動作が必要な随時書き込み読み出しメモリ
HDD：Hard Disc Drive　ハードディスク駆動装置
SSD：Solid State Drive　NAND型フラッシュメモリを記憶媒体とする
NAND型フラッシュメモリ：フラッシュメモリの内で、AND（「…かつ…」の論理積（§4-11，150ページ参照）の否定論理で構成されたフラッシュメモリ）
フラッシュアレイ：SSDを複数台統合し一体管理しながら運用する

3-6　IoTの新たなセキュリティリスク
―― あらゆる《モノ》がインターネットにつながる危険性

　情報のセキュリティに関しては、従来のIT機器で培われてきた技術を活用し、IoTの時代でもセキュリティ対策を練ることは当然必要です。しかし、IoTでは「ありとあらゆる《モノ》」がインターネットでつながるだけに、**従来のセキュリティ対策とは異なる新たな対策**が求められます。そのような対策の中には、具体的に以下に示すようないくつかの課題があります(次ページ図3-7)。

①ソフト・ハードが非力でインターネット接続が想定されなかったような機器が接続される

②生命や財産に関わる機器・システムがつながる

③モノ同士が無線などで自律的につながる

④コスト面での制限から、セキュリティ対策が省略されやすい

⑤セキュリティは「バックエンドのシステムやクラウドサービス側の責任」と捉えられがちで、利用者側には期待薄

⑥システムをアップグレードする機能が未確立

　これらの課題に対応する技術としては、機器内の個人情報やデータの流出による「非秘匿性」、データの改竄により動作異常が引き起こされる「非完全性」、ソフトやデータが利用できなくなる「非可用性」に対し、1つですべてに対応することはできないにしても、暗号化、認証、電子署名、アクセス制限などに関する有効で高レベルな技術の開発が求められます。

　それらの中で、従来のIT機器ではソフトウェアによるセキュリティ対策がメインだったのに対し、IoT機器では「セキュリティ・チップ」と呼ばれるICチップを機器に搭載するハードウェアによる対策も、大いに有望視されています。

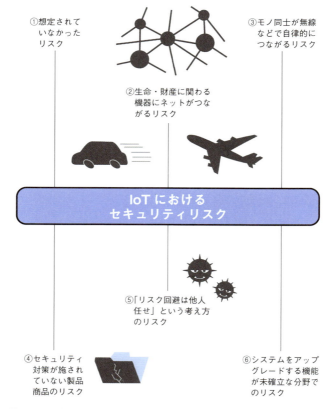

図3-7 IoT時代のセキュリティリスク

ant
第 4 章

IoT を加速する
"半導体部品たち"の素顔

4-1　IoTでの新しい半導体デバイス
──より高速なデータ処理の方向を目指して

　IoTでは、インターネットにつながるエッジデバイス（ネットワークの末端につながっているデバイス）としての《モノ》、ネットワークのノードに位置しつなげる役割をする《通信機器》、さらにインターネットに上げられたビッグデータに各種の加工を施しクラウドサービスを作り出すiDC（インターネットデータセンター）での《処理装置》があり、そのすべてで多種多様な半導体デバイスが数多く使われています。

　その中で最も簡単な《モノ》としてのセンサーでも、第2章で説明したようにスマートセンサーやセンサーモジュールでは、半導体センサーやMEMSセンサー本体に加え、データ（情報）処理や通信のための、各種ロジックやメモリその他の半導体デバイスが搭載されています。

　また《モノ》の中で、一般的な機器・装置から情報端末へとなるに従って、使われる半導体デバイスも、より多種・多機能・高性能・多数になります。たとえば、家電製品、産業用機器・機械設備、医療用機器、輸送用機器から、組み込みシステム（特定機能を実現するため機器・装置に組み込まれるコンピュータシステム）、さらにはパソコンなどの汎用システムになるに従い、この傾向はより顕著になります。

　各種の《通信機器》やiDCでの《処理装置》についても、その機能に則してメインとなる半導体デバイスに違いが出るものの、基本的な状況は同じです（**表4-1**）。

　ここでは、データ（情報）の処理という面にフォーカスして、特記すべき幾つかの点を説明しておきます。

表4-1 「モノ」「ノード機器」「iDC」におけるデータ処理と半導体

	データ処理装置			
	サーバ(iDCを含む)	パソコン類	組み込みシステム*	スマートセンサー
使われるCPU	CISC型MPUの上位機種が主流で、一部RISC型MPU	CISC型MPU	RISC型MPUが主流	MCUが主流
特徴	超高性能	高性能	低電圧動作	中性能・周辺回路を含むコンパクトな構成
ハード／ソフト比率	低　　　　　　　　　　　　　　　　　　→　　　　高			
CPU以外の半導体	高性能・汎用LSIが多い	高性能・汎用LSIが多い	専用LSIが多い（目的特化型）	種類・数が少ない

＊ サーバやパソコンなどの「汎用システム」に対し、「組み込みシステム」は特定の機能を実現するため機器・装置に組み込まれるコンピュータシステムのことで、家電（スマート家電）製品、産業用機器・装置、医療用機器、輸送用機器、その他に幅広く用いられる

●IoT機器の心臓部

　まずパソコンなどの汎用システムでは、コンピュータの心臓部としてのCPU（中央演算処理装置）には、CISC型MPU（複雑命令セットコンピュータ型超小型演算処理装置）と呼ばれる半導体チップが、またクラウドサーバにはさらに高性能のCISC型MPUの

上位機種が用いられています。

　一方、モバイル機器を含む組み込みシステムでは、低電圧・低消費電力で動くRISC型MPU（縮小命令セットコンピュータ型MPU）が主に用いられます。もっと小規模な機器では、MCU（超小型制御装置）あるいはシングルチップマイコンと呼ばれるチップが利用されます。

●高速なCPU「FPGA」、高速なメモリ「SSD」

　さらに最近の新しい動きとしては、iDCのサーバに、FPGAあるいはMPU＋FPGAが、またiDCやパソコンの一部で、ストレージの補助記憶装置としてのHDD（ハードディスクドライブ）の代わりにフラッシュメモリを用いたフラッシュ／SSD（Solid State Drive）が用いられています。

　従来のサーバはCISCやRISCのマイクロプロセッサをベースにし、ソフトウェアで演算機能を変えていました。これは前述したようにマイクロプロセッサが「汎用マシン」で、演算処理の変更に対し融通が利く反面、複雑な数値処理アルゴリズムの実行は、必ずしも得意でない（処理速度が速くない）ことを意味します。

　これに対し、FPGAベースのサーバは、ある決まった数値演算処理を目的にして「専用演算回路」を実現できますので、たとえば、検索エンジンや配信システムの高速化などの面では、はるかに高速な処理が可能になります。また並列処理化による高速化も容易に行えます。これらの処理に関する実際の比較によると、FPGAの方がマイクロプロセッサの10倍高速というデータが得られています。

　HDDはディスク（磁気円盤）を高速回転してデータの書き込み／読み出しの動作を行うため、モーターの電気料金、発生する熱、

エッジデバイス		IoT対応「ノード」の機器・装置・設備	データセンター
「物」＝いわゆる《モノ》	「キカイ」＝一般の機器・装置		
センサー(MEMS含む)スマートセンサーセンサーモジュール複合センサー	家電産業機器・機械設備医療用機器輸送用機器エンターテイメント用機器ロボット…	パソコン携帯電話スマートフォンタブレット端末カーナビルータサーバ	コンピューティングストレージ通信

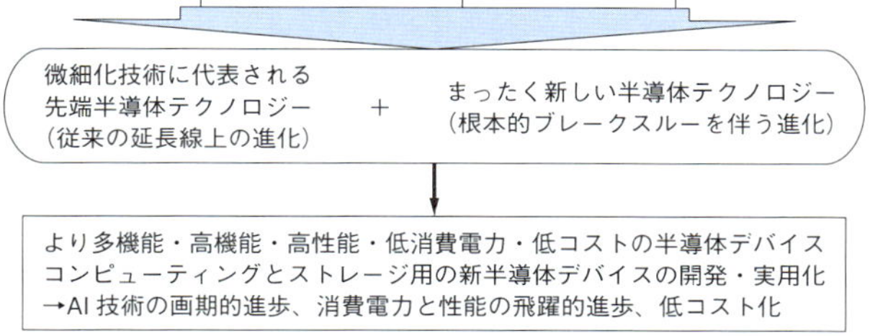

微細化技術に代表される先端半導体テクノロジー（従来の延長線上の進化） ＋ まったく新しい半導体テクノロジー（根本的ブレークスルーを伴う進化）

より多機能・高機能・高性能・低消費電力・低コストの半導体デバイス
コンピューティングとストレージ用の新半導体デバイスの開発・実用化
→AI技術の画期的進歩、消費電力と性能の飛躍的進歩、低コスト化

図4-1　IoTで利用される半導体デバイスの進化の方向

さらに書き込み／読み出しの速度の遅さなどが問題でしたが、低価格のため、これまではフラッシュメモリに優っていました。しかし、最近、3次元NANDフラッシュメモリの実現などにより、価格差が徐々になくなってきたこともあり、性能面ではるかに優るフラッシュ／SSDへの移行が急激に進んでいます（図4-1）。

これらの半導体デバイスに加え、情報を記憶する「メモリ」、論理演算を行う「ロジック」、その他の機能をもった主な半導体デバイスについて、本章の次節以降で詳しく説明します。

4-2　今さら聞けない「半導体のABC」
——半導体の種類と性質、用途

　半導体は、英語で「半分」を意味する"semi-"と「導体」を意味する"conductor"を合成した"semiconductor（セミコンダクタ）"を和訳した名称です。その名が示す通り、**半導体とは半分だけ導体の性質を持った元素あるいは物質**のことです。

　一般に良く知られているように、様々な物質の中で、金、銀、銅、アルミニウムのような金属は、電気をよく通します。このような元素は「導体」（あるいは「良導体」「導電体」）と呼ばれます。逆に、天然ゴム、ガラス、セラミック、油、プラスチックのような物質はほとんど電気を通しません。このような物質は絶縁体（あるいは「不導体」「不良導体」）と呼ばれます。

　これに対し半導体と呼ばれる元素あるいは物質は、電気の通しやすさに関しては、導体と絶縁体の中間の性質を持っています。半導体にはシリコン、ゲルマニウム、セレン、テルルなどの元素の他に、各種の化合物やある種の金属酸化物などが含まれます。

　ところで、物質の種類によって電気の流れやすさが異なるのは電気抵抗の大きさが関係しています。電気抵抗の値は測定試料の形状にも依存し、単位面積と単位長さを有する試料での抵抗値（R）は、抵抗率あるいは比抵抗（ρ：ロー）と呼ばれ、物質固有の値となります。

　表4-2に、様々な物質を抵抗率によって分類した例を示します。これからわかるように、半導体の抵抗率は$10^{-6} \sim 10^{7}$（$\Omega \cdot \text{cm}$）と10兆桁の広い分布範囲を持っていることがわかります。しかし半導体の持つ真骨頂は、純度、相状態、導電型不純物の有無と濃度、さらに置かれている様々な環境条件を含む物理条件によって抵抗

表4-2　抵抗率による半導体・導体・絶縁体の分類例

抵抗率（Ω・cm）		物質名	特長	具体例
10^{-12}	ピコ	導体[*1]	電気を良く通す	金（Au）、銀（Ag）、銅（Cu）、鉄（Fe）、アルミニウム（Al）…
10^{-9}	ナノ			
10^{-6}	マイクロ	半導体	電気抵抗率は導体と絶縁体の中間の値 ただし、置かれた物理条件[*2]によって抵抗率は大幅に変化する	シリコン（Si）、ゲルマニウム（Ge）、セレン（Se）、テルル（Te）、GaAs、GaP、GaN、InP、CdSe、AlGaAs…
10^{-3}	ミリ			
1				
10^{3}	キロ			
10^{6}	メガ			
10^{9}	ギガ	絶縁体	電気をほとんど通さない	天然ゴム、ガラス、セラミック、油、プラスチック…
10^{12}	テラ			

[*1]　導体は、良導体、導電体とも呼ばれる
[*2]　物理条件としては、半導体の純度・相状態・不純物の有無や濃度などの存在状態、さらに半導体が置かれた温度・湿度・圧力・加速度などの環境条件が含まれる

率が何桁にも渡って大きく変化することです。

◉元素半導体と化合物半導体

このような半導体のさらに詳しい分類例を**表4-3**に示します。半導体はまず、構成元素という点から「元素半導体」「化合物半導体」「酸化物半導体」に大別されます。

元素半導体は単一の元素からなる半導体で、第Ⅳ族のシリコン、ゲルマニウム、ダイヤモンドや第Ⅵ族のセレンやテルルがあります。なかでもシリコン（Si）はコンピュータのCPU、マイクロコンピュータ、各種ロジック、メモリなどの大規模集積回路（LSI）から、センサー、パワーデバイス、太陽電池など幅広い分野で数多く使われています。

表4-3　半導体の構成元素や物質による分類例

種類	特徴	具体例	応用分野
元素半導体	単一の元素からなる	第Ⅳ族：シリコン（Si） 　　　　ゲルマニウム（Ge） 　　　　ダイヤモンド（C） 　　　　… 第Ⅵ族：セレン（Se） 　　　　テルル（Te） 　　　　…	大規模集積回路 $\begin{pmatrix} CPU \\ マイコン \\ ロジック \\ メモリ \end{pmatrix}$ センサー パワーデバイス 太陽電池
化合物半導体	2種類以上の元素の化合物からなる 構成元素数： 　2元系 　3元系 　4元系 組み合わせ： 　Ⅲ—Ⅴ族 　Ⅱ—Ⅵ族 　Ⅳ族同士	ガリウムヒ素（GaAs） ガリウムリン（GaP） 窒化ガリウム（GaN） インジウムリン（InP） カドミウムセレン（CdSe） シリコンカーバイド（SiC） … AlGaAs AlInAs GaInAs … AlGaInAs GaInNAs …	高周波デバイス パワーデバイス 太陽電池 発光ダイオード 半導体レーザー
酸化物半導体	ある種の金属の酸化物からなる	酸化スズ（SnO） 酸化亜鉛（ZnO） 亜酸化銅（Cu_2O） 二酸化チタン（TiO_2） ITO[*1] IGZO[*2] …	センサー 超伝導体 透明電極 TFT[*3]

[*1] ITO（酸化インジウムスズ）
[*2] IGZO（インジウムガリウム亜鉛酸化物）
[*3] TFT（Thin Film Transistor：薄膜トランジスタ）は液晶や有機EL（エレクトロルミネッセンス）などディスプレイ用アクティブマトリックス・バックプレインとして用いられている

化合物半導体とは、2種類以上の元素の化合物からなる半導体のことで、構成元素の数によって「2元系」「3元系」「4元系」などに細分されます。2元系にはガリウムヒ素、窒化ガリウム、インジウムリン、カドミウムセレンなどが、3元系にはアルミニウムガリウムヒ素、ガリウムインジウムヒ素などが、また4元系にはアルミニウムガリウムインジウムヒ素、ガリウムインジウム窒化ヒ素などが含まれています。化合物半導体は、高周波デバイス、パワーデバイス、太陽電池、発光ダイオード、半導体レーザーなどに用いられています。

これに対し、酸化物半導体とは、ある種の金属酸化物からなる半導体のことで、酸化スズ、酸化亜鉛、酸化インジウムスズ（ITO）、インジウムガリウム亜鉛酸化物（IGZO）などがあり、センサー、超伝導体、液晶や有機ELの透明電極やアクティブマトリックス用の薄膜トランジスタなどに用いられています。

半導体は、構成元素による分類以外にも、導電型不純物の有無によって真性半導体と不純物半導体に2分されます。実は、元素半導体と化合物半導体のほとんどは、性質としては真性半導体と不純物半導体の両面を持っていますが、多くは不純物半導体として利用されています。

表4-4 真性半導体と不純物半導体

種類	特徴
真正半導体 (intrinsic semiconductor)	導電型不純物を含まない純粋な元素からなる
不純物半導体（外因性半導体） (impurity semiconductor)	真正半導体に導電型不純物を微量添加したもの

4-3 「自由電子」と「正孔」の違いは何か?
──N型シリコンとP型シリコン

　半導体材料の代表格といえば、シリコン (Si) をおいて他にありません。ここでは、シリコンを取り上げ、半導体としての重要な性質を見てみましょう。

●半導体をつくるシリコンの性質
　シリコンは、原子番号が14で第Ⅳ族に属する元素です。したがって、シリコン原子は図4-2に示すように、原子核の周りで内側からK殻に2個、L殻に8個、一番外のM殻に4個、計14個の電子を持っています。このシリコン原子が3次元的に規則的に並んだものは単結晶シリコンと呼ばれます。単結晶シリコンの構造模型を図4-3に示します(実際は3次元構造)。

　シリコンがこのような結晶構造を取る理由は、原子の化学的性質を決める最外殻電子が4個のため、他の原子と、お互いに電子を1個ずつ出し合い電子のペアを作ることで結び付く(=共有結合)際の結合手(=ボンド)が4本あるからです。

　シリコン単結晶は真性半導体ですが、実際の多くの局面では、導電型不純物と呼ばれる不純物元素を添加して、不純物半導体として利用されています。そこで不純物半導体としての単結晶シリコンについて考えてみましょう。

●自由電子とホール(正孔)
　純粋な単結晶シリコンに、図4-4に示すように、微量なヒ素やリンを添加し、単結晶シリコンの格子点にある1個のシリコン原子をヒ素原子やリン原子に置換した場合を考えてみましょう。ヒ

第4章　IoTを加速する"半導体部品たち"の素顔

素やリンはⅤ族の原子で、最外殻に5個の電子を持っています。したがって、ヒ素の4個の電子は周りの4個のシリコン原子と4

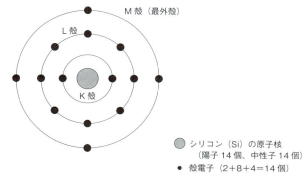

図4-2　シリコン(Si)原子

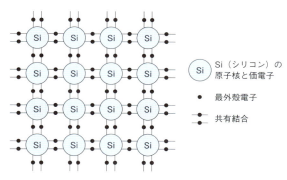

シリコン原子は周りの4個のシリコン原子と電子を1個ずつ出し合ってペアを作り（＝共有結合）、規則的に配列している。
図4-3　単結晶シリコンの構造模型(2次元表示)

99

本の結合手で共有結合を作り安定しますが、1個の電子は余ってしまいます。この電子は原子核に束縛されることなく、シリコン結晶内を自由に動き回れるため、「自由電子」と呼ばれます。

このような状態のシリコンでは、その中を流れる電流を担うキャリア（＝電荷の運び手）が電子で、マイナスの電荷を持つため、"negative"のNを付けて、N型シリコンと呼ばれ、また導電型不純物であるヒ素やリンは、自由電子を与えるため、ドナー（＝与えるもの）と呼ばれます。

一方、純粋な単結晶シリコンに、図4-5に示すように、微量な硼素（ボロン／ホウ素）を添加した場合を考えてみましょう。ボロンはⅢ族の原子で、最外殻に3個の電子を持っています。したがってボロンの3個の電子は周りの3個のシリコン原子と3本の結合手で共有結合を作り安定しますが、シリコンの1個の電子は相手の電子がないため、結合手が空いている状態（未結合手：ダングリングボンド）になります。これは言わば、電子が1個抜けて生じた「抜け穴」のようにみなすことができます。

このような状態のシリコンに電界を加えると、近くの電子がこの抜け穴を埋め、電子が抜けた後の孔をさらに次の電子が埋め…、というプロセスが進行します。これを外から見ると、**未結合手が次々に動くとして扱うよりも、抜け穴が反対方向に動いているとみなす**方がわかりやすく、現象を定式化する上でも便利です。この電子の抜け穴は、正孔（ホール：hole 孔）と呼ばれます。正孔はプラスの電荷（Positive charge）を持つため、P型シリコンと呼ばれ、また導電型不純物であるボロンは、電子を受け取って後に抜け穴（正孔）を生じさせるためアクセプター（＝受け取るもの）と呼ばれます。

このように微量の導電型不純物を添加したシリコンは、不純物

濃度に応じて電気抵抗が変化し、濃度が高いほど電気を通しやすくなります。それは単結晶シリコンの不純物半導体だけでなく、他の半導体についてもあてはまります。

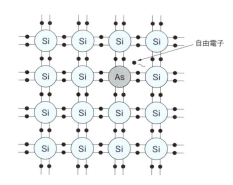

電気を運ぶキャリアが負の電荷（Negative charge）を持った電子（自由電子）であるため、「N型シリコン」と呼ばれる。

図4-4　N型シリコン（キャリアが「電子」）

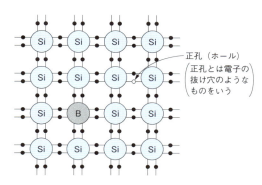

電気を運ぶキャリアが正電荷（Positive charge）を持った「正孔」とみなせるため、「P型シリコン」と呼ばれる。

図4-5　P型シリコン（キャリアが「正孔」）

4-4　半導体デバイスの種類と機能
――半導体とICの分類例

　前節では、半導体の基本的な説明をしましたので、この節では半導体と集積回路を分類しておきましょう。分類することで非常に多くの名称が登場しますが、重要なものについては次節以降で解説しますので、大筋だけ理解していただければ十分です。

①個別半導体（ディスクリート）と集積回路（IC）

　さて、半導体素子を「働き」という面から見たときの分類例を図4-6に示します。まず、単独の機能を持った単一の素子としての「個別半導体」と、多くの素子から構成される「集積回路」に分けられます。

　まず個別半導体（別称ディスクリート）には、抵抗、容量、イ

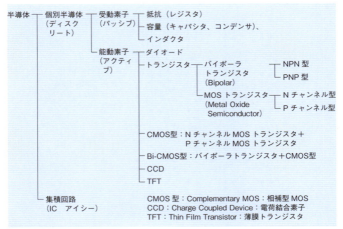

図4-6　半導体の分類

ンダクタなどの、もっぱら受動的な機能を持った素子が含まれます。これに対し、能動的機能を持った「能動素子」には、ダイオード、トランジスタ、CMOS型、Bi-CMOS型、CCD、TFTなどがあります。

　トランジスタには大きくバイポーラトランジスタとMOSトランジスタがあります。CMOS型はMOSトランジスタを組み合わせたもの、Bi-CMOS型はバイポーラトランジスタとCMOS型を組み合わせたもの、CCDは電荷（電子）を転送するための素子で、カメラのイメージセンサーなどに多用されている素子のことです。また、TFTは多結晶シリコンやアモルファスシリコンからなる薄膜トランジスタのことで、液晶や有機ELのバックプレインに利用されています。

　一方「集積回路」（IC：Integrated Circuit）とは、上で述べたようないろいろな個別半導体素子（ディスクリート）をウエーハ（単結晶シリコンの薄い円板）の上に同時に多数作り付け、それを内部配線で相互に接続したもので、「1つのまとまった回路機能」を実現したものです。ICのイメージを次ページの図4-7に示しました。この図のように、実際のICはシリコンウエーハ上の多数のICを切り分けて1個1個のICチップにし、それをケースに搭載し、チップ上の各種電極とケースのピンを電気的に接続してから封入したものです。

②アナログを扱う半導体か、デジタルを扱うか

　半導体は扱う物理量によっても分けられます。図4-8に示したように、①アナログやデジタル、あるいはそれらが混載した情報としての電気信号を扱うもの、②電気以外のエネルギーと電気を相互に変換するもの、③電気をあくまでエネルギーとして扱い、

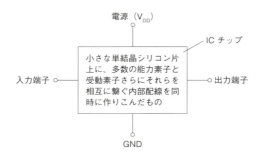

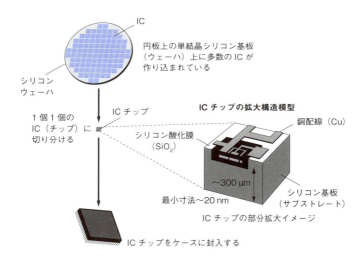

図4-7 集積回路(IC)のイメージ図

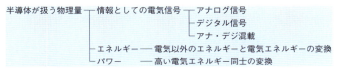

図4-8 「信号」を扱う半導体、「エネルギー」を扱う半導体

変換するものの3つがあります。

●機能でICを区分する

図4-9は、集積度による分類を示していますが、その名称は歴史的経緯によるものといってよく、あまりVLSIだ、ULSI等とこだわる必要はありません。ただし、LSIとICは名称が大きく異なるため"別物"と誤解する人もいますが、あくまで**LSIはICの1種**であることは、読者の皆様には知っておいて欲しいと思います。

	呼称			集積度(チップ上の素子数)
IC (Integrated Circuit 集積回路)	SSI	Small Scale Integration	小規模集積回路	10^2 以下
	MSI	Medium Scale Integration	中規模集積回路	$10^2 \sim 10^3$
	LSI	Large Scale Integration	大規模集積回路	10^3 以上
	VLSI	Very Large Scale Integration	超大規模集積回路	10^5 以上
	ULSI	Ultra Large Scale Integration	超超大規模集積回路	10^7 以上

VLSIとULSIを合わせて超LSIと呼ぶことも多い

図4-9 集積回路(IC)の分類例

次ページの図4-10には、ICの機能による分類例を示しています。情報を記憶するメモリは、電源を切っても記憶し続ける不揮発性メモリと電源を切ると情報が失われる揮発性メモリに分けられます。不揮発性メモリとしては、読み出し専用のROM、紫外線での消去機能を持たせたプログラム可能なEPROM、さらに電気的に消去可能にしたEEROMやフラッシュメモリがあります。これ

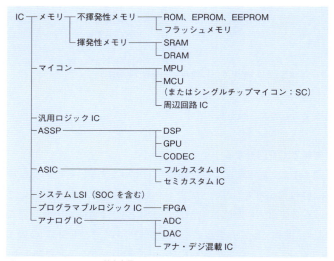

ROM　Read Only Memory　読出専用メモリ
EPROM　Erasable and Programmable ROM　消去可能プログラマブルROM
EEPROM　Electrically Erasable and Programmable ROM　電気的消去可能プログラマブルROM
SRAM　Static Random Access Memory　記憶保持動作が不要な随時書き込み読み出し可能メモリ
DRAM　Dynamic Random Access Memory　記憶保持動作が必要な随時書き込み読み出し可能メモリ
MPU　Micro Processing Unit　超小型演算処理装置
MCU　Micro Controller Unit　超小型制御装置
ASSP　Application Specific Standard Product　特定用途特化型LSI
DSP　Digital Signal Processor　デジタル信号処理装置
GPU　Graphics Processing Unit　画像処理装置
CODEC　Coder-Decoder　符号化復号化装置
ASIC　Application Specific IC　特定用途IC
SOC　System On Chip　システムオンチップ
FPGA　Field Programmable Gate Array　フィールドプログラム可能ゲートアレイ
ADC　Analog to Digital Converter　アナログデジタル変換器（ADコンバータ）
DAC　Digital to Analog Converter　デジタルアナログ変換器（DAコンバータ）

図4-10　集積回路（IC）の機能分類

に対し、揮発性メモリとはランダムアクセス（随時書き込み・読み出し）が可能なメモリRAMのことで、記憶保持動作が不要なSRAM、記憶保持動作が必要なDRAMが含まれます。

マイコンは、CPU機能を1チップ化したMPU、もっと小型のCPUに様々な機能を追加してコンパクトにまとめたMCU、さら

に周辺回路用のICが含まれます。MCUは、その性格上シングルチップマイコンとも呼ばれます。[汎用ロジック]{.link}は、様々な論理回路に共通して必要な個々の機能を1つのチップにまとめた小規模で、分野と用途を限定し機能と目的を特化させた標準ICです。

ASSPは、デジタル信号処理に特化したCPUとしてのDSP、画像処理に特化したCPUとしてのGPU、暗号化・復号化に特化したCODEC（コーデック）などが含まれます。

ASIC（エーシック）は特定の機器や用途向けのもので、フルカスタムICとセミカスタムICに分類されます。システムLSIは、1つにまとまったシステムを実現するICで、特にそれが1個のICチップ上で実現したものはSOCと呼ばれます。SOCでは様々なまとまった回路機能をブロック化しておき、それを必要に応じ組み合わせることで実現します。この機能ブロックの総体をIP（設計資産）と呼びます。

プログラマブルロジックICは、ICが完成してから内容を変更できるロジック回路で、ユーザーがプログラムあるいは再プログラムできるFPGAが代表的なICです。近年FPGAは様々な分野で見直され利用分野が拡大しています。

以上述べてきたICは、SOCを除き、基本的にデジタル信号を扱うICでしたが、もっぱらアナログ信号を扱うICとして、アナログ信号をデジタル信号に変換するADC、デジタル信号をアナログ信号に変換するDAC、さらに1チップ上でアナログ信号とデジタル信号の両方を扱うアナ・デジ混載ICがあります。

4-5　ディスクリート（個別半導体）
―― 整流ダイオード、LED、レーザー、太陽電池

　ダイオード（diode）とは、「2」を意味する接頭辞di-"と「電極」を意味する"electrode"の語尾を合わせた造語で、その名の通り、**2つの端子を持った電子デバイス**のことです。初めて実用化された整流ダイオードは真空管でしたが、現在はすべて半導体に替わっています。ただ、アノード（陽極）とカソード（陰極）という2端子の名称にその跡を残しています。

　半導体ダイオードは実に様々なタイプのものがあります。ここでは代表的なダイオードを取り上げ、説明しておきましょう。

①整流ダイオード

　整流作用を持った「ＰＮ接合ダイオード」の断面図と回路記号を**図4-11**（a）と（b）に示します。ここでは、最も代表的なシリコン半導体を取り上げます。PN接合ダイオードは、P型とN型のシリコンを接合した構造（＝**PN接合**）を持っていて、P型領域の端子はアノード（anode陽極）、N型領域の端子はカソード（cathode陰極）と呼ばれます。

　図4-12は、接合ダイオードで、カソードをGND（接地）にした状態で、アノードに加える電圧（V）を横軸に、そのときにダイオードに流れる電流（I）を縦軸にプロットしたものです。

　アノードに正電圧を加えていくと、ある所から電流が流れ始め急激に増加します。この時の電圧は「順方向電圧」、流れる電流は「順方向電流」と呼ばれます。一方、アノードに負電圧を加えても電流はほとんど流れません。このように、一定の電圧方向（順方向）には電流を流し、逆の電圧方向（逆方向）には電流を流さ

第4章 IoTを加速する"半導体部品たち"の素顔

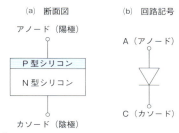

図4-11　PN接合ダイオード

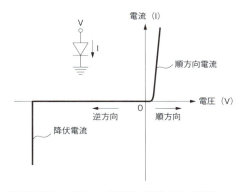

シリコンPN接合ダイオードのカソードをGND（接地）にした状態で、アノードに電圧（V）を加える。電圧がプラスのとき（＝順方向）は、電流（順方向電流）がすぐに流れ出し電圧と共に急激に増大するが、電圧がマイナスのとき（＝逆方向）は電流が流れない。電圧の向きによって電流が流れたり、流れなかったりする現象は「整流作用」と呼ばれる。ただし、高いマイナス電圧を加えていくと、ある電圧で大電流が急激に流れ出すが、この電流は「降伏電流」と呼ばれる。

図4-12　PN接合ダイオードの特性

ない性質は「整流作用」と呼ばれます。逆方向では電流が流れないと説明しましたが、高い逆方向電圧を加えると、突然、降伏電流（ブレークダウン電流）と呼ばれる大電流が流れ始めます。

　PN接合ダイオードは本来の整流器の他、各種回路中の整流素子として、さらに逆方向特性を利用して容量素子や集積回路の素子分離、定電圧発生回路、サージ電圧に対する保護回路など、

多くの用途に用いられています。

②発光ダイオード（LED）

　発光ダイオード（LED：Light Emitting Diode）とは、電気入力を「光」として出力するダイオードのことです。LEDの基本構造は、**図4-13**に示すように、化合物半導体を用いたPN接合ダイオードで、順方向電圧を加えると、P型領域からの正孔とN型領域からの電子が、PN接合に向かって移動するため電流が流れます。その時PN接合の近傍で、電子と正孔が再結合して消滅する現象が起こります。この再結合後の合算エネルギーは、電子と正孔がそれぞれ持っていたエネルギーの和より小さくなるため、その差のエネルギーが「光」として放出されます。発光効率を上げるには接合領域で多くの電子と正孔を集めることが重要な鍵になります。

　図4-13に示した、基本構造としての「ホモ接合構造」の他に、発光効率を上げるための「ダブルヘテロ接合構造」や「量子井戸接合構造」と呼ばれるものがあります。LEDが出す光の色（波長）は使用する半導体材料の種類そのものや、添加する不純物によって決まります。代表的な材料としてはガリウム（Ga）、ヒ素（As）、リン（P）などの化合物が用いられます。**表4-5**にLEDの出す色（波長）と半導体材料、接合構造の例を示します。

　LEDは高輝度、長寿命、省電力などの利点を生かし、従来の電球式信号器からLEDへ、さらには白熱電球、蛍光灯などに代わる新しい照明としてLEDが使われただけではなく、テレビや携帯電話、スマートフォン、クルマのインパネなどではバックライトとしてLEDが幅広く用いられています。

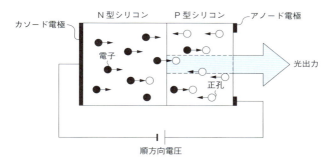

PN接合に順方向電圧を加えると、P型領域からの正孔とN型領域からの電子がPN接合に向かって移動するため電流が流れる。そのとき、PN接合近傍で電子と正孔が再結合して消滅し、再結合後の合算エネルギーは、電子と正孔がそれぞれ持っていたエネルギーの和より小さくなるため、その差のエネルギーを光として放出する。光の色（波長）は、半導体材料の種類や添加不純物の種類や濃度によって変化する。

図4-13　発光ダイオード（LED）の基本構造

表4-5　発光ダイオード（LED）の材料・構造・発光色

材料名	構造	色	波長（nm）
窒化ガリウム　GaN	量子井戸	青	450
亜鉛カドミウムセレン　ZnCdSe	ダブルヘテロ	青	489
亜鉛テルルセレン　ZnTeSe	ダブルヘテロ	緑	512
窒素添加リン化ガリウム　GaP:N	ホモ	緑	565
アルミニウムガリウムインジウムリン　AlGaInP	ダブルヘテロ	黄	570
ガリウムヒ素リン　GaAsP	ダブルヘテロ	橙	635
アルミニウムガリウムヒ素　AlGaAs	ダブルヘテロ	赤	660
亜鉛添加ガリウムリン　GaP:Zn	ホモ	赤	700

nm（ナノメートル）：10^{-9}メートル

③半導体レーザー

半導体レーザー（LD: Laser Diode）は「レーザーダイオード」とも呼ばれるもので、LEDと同じように半導体のPN接合に順方向電流を流すことで電気入力を光出力に変換します。

図4-14の(a)と(b)に、それぞれ、ダブルヘテロ接合と呼ばれる構造を持ったレーザーの鳥瞰図と動作原理を示します。レーザー動作をする活性層がクラッド層と呼ばれるP型とN型の層で挟まれ、その際にできる2つの界面の接合がエネルギーの壁を作っています。このダイオードに順方向電圧を加えると、P領域からの正孔とN領域からの電子が活性層に向かって移動して電流が流れます。活性層で再結合による発光が起こりますが、活性層の屈折率をクラッド層より少し高くしておくと、光は活性層内に閉じ込められて増幅されます。

結晶の両端に劈開（へきかい）（特定方向に割れやすい性質）によって作製した反射鏡面間を光が何度も往復するうちに、レーザー発振し、次第に位相が揃った単色光となります。このとき片面を全反射鏡、他方を部分反射鏡とすることで、部分反射鏡の方からレーザー光を出力させます。

レーザー用の化合物半導体としては、インジウムガリウムヒ素リン系（InGaAsP波長1.1〜1.6μm）、ガリウムアルミニウムヒ素系（GaAlAs波長0.75〜0.85μm）、ガリウムアルミニウムインジウムリン（GaAlInP波長0.63〜0.69μm）などの種類があります。半導体レーザー光は高いコヒーレンス（可干渉性）に加え、通電電流を変調させることで光出力をギガヘルツレベル（GHz）の高速直接変調が可能なことなどの特徴を持っています。このような特徴を生かし、半導体レーザーはファイバーなどの大容量光通信用の光源としてだけでなく、レーザーポインタとしての利用、CD・

第4章 IoTを加速する"半導体部品たち"の素顔

(a) 鳥瞰図

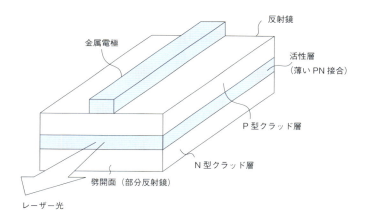

ダブルヘテロ接合構造。レーザー動作を行う活性層がクラッド層と呼ばれるP型とN型の層で挟まれている。劈開（へきかい）によって形成された一方の側面には全反射鏡が、他方の側面には部分反射鏡が設けられ、レーザー光はこの部分反射鏡を通して放射される。

(b) 動作原理

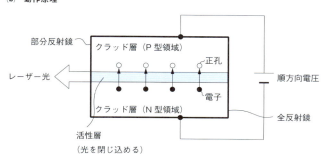

半導体レーザー（レーザーダイオード）に順方向電圧を加えると、P型領域からの正孔とN型領域からの電子が活性層に向かって移動し電流が流れる。活性層では電子と正孔の再結合による発光が起こるが、活性層の屈折率をクラッド層より少し高くしておくと、光は活性層内に閉じ込められ増幅される。閉じ込められた光が、両側面の全反射鏡と部分反射鏡の間を何度も行き来するうちに、位相の揃ったレーザー光として部分反射鏡を通して放射される。

図4-14 半導体レーザー（鳥瞰図と動作原理）

DVD・ブルーレイの読み取り・書き込み用の情報媒体、ページプリンタの書き込み用の情報媒体、さらにはバーコードスキャナー、レーザーマウスなどに幅広く利用されています。

④ 太陽電池

太陽電池 (Solar Cell) とは、光を受けたときに電気を発生する発電素子のことで、最も基本的なタイプは半導体のPNダイオード構造を持っています。半導体を用いた太陽電池にも様々なものがあり、ここでは図4-15に示したようなシリコン太陽電池について説明します。

まず、薄い板上のシリコンN型結晶の表面からボロンを添加し、数ミクロンの薄いP型領域を形成します。電子が多いN型層と正孔が多いP型層の接合近傍では、電子と正孔が打ち消し合って、キャリアのない部分(空乏層)が形成されます。このようなPN接合近傍に光(太陽光を含め)が当たると、そのエネルギーで電子と正孔のペアが生成され、空乏層内の電界によって電子はN型層へ正孔はP型層へ移動し、P型領域とN型領域間に電位差を生じさせます。このような状態のPN接合に外部負荷をつなぐと、それを通して電流が流れます、これが太陽電池の基本です。太陽電池はその動作原理から、起電力は1V以下のため、もっと高い電圧を得るには何層も直列接続しなければなりません。

実用化されている太陽電池の種類を表4-6に示してあります。太陽電池は、水力・火力・原子力などの発電を補う工業用や家庭用のソーラーパネル以外に、腕時計、道路標識、街路灯、モバイル機器の充電器から、人工衛星や宇宙ステーションなど様々な分野で活躍しています。

第4章 IoTを加速する"半導体部品たち"の素顔

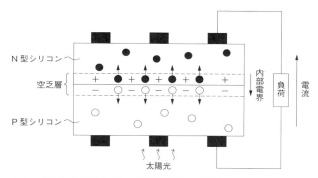

シリコンPN接合の界面近傍では、N型領域の電子とP型領域の正孔が、互いに打ち消しあって、キャリアの存在しない空乏層と呼ばれる領域が形成される。太陽光により空乏層内あるいは近傍で電子と正孔のペアが作られるが、内部電界によってそれぞれN型領域とP型領域へ移動し、N型とP型の領域間に電圧差を生じさせる。このような状態で、PN接合に外部から負荷をつなぐと、それを通して電流が流れる。

図4-15　シリコン太陽電池の模型図

表4-6　太陽電池の種類

	材料	変換効率(%)	信頼性	特徴
シリコン系	単結晶シリコン	24	高	効率は高いがコストも高い
	多結晶シリコン	17	高	コストと性能のバランスが良い
	アモルファスシリコン	10	中	エネルギーとコスト面で有利
化合物系	単結晶化合物（GaAs系）	30	高	コスト高で宇宙用
	多結晶化合物（CdSe、CdTeなど）	16	中	性能が良く安価、米国・欧州のみ

・変換効率は一例

4-6 トランジスタ
——バイポーラ、NMOSとPMOS、そしてCMOS型

トランジスタは、1948年に米国ベル電話研究所のW.ショックレイ、J.バーディーン、W.ブラッテンによって発明されました。彼らは、その功績により1956年にノーベル物理学賞を受賞しています。トランジスタの発明は、エレクトロニクス時代の幕開けを告げ、その後のコンピュータを初めとするエレクトロニクス技術の急速な進歩を促し、今日の高度情報化社会を到来させ、また最近ではIoT時代のコア技術として新たな展開を推進しています。こうして見てくると、改めて、トランジスタの発明がいかに画期的なものだったかがわかります。

トランジスタは、それ以前の真空管に替わるものとして、信号の「増幅」と「スイッチング」という、基本的な2つの作用を持っています。現在では、様々なタイプのトランジスタがありますが、ここでは最も基本的な、3種類のトランジスタを取り挙げて説明します。

①バイポーラトランジスタ（Bipolar）

図4-16(a)、(b)にNPN型と呼ばれるバイポーラトランジスタの基本構造と回路記号を示します。バイポーラトランジスタは、最初に発明された「点接触型トランジスタ」に比較的近く、特に回路記号における各部の名称に、その痕跡が色濃く残っています。

バイポーラとは「2つの極性を持つ」という意味で、
　①正電荷を持つ（持つと見做される）正孔
　②負電荷を持つ電子
の「2種類のキャリアを利用して動作するトランジスタ」が、バイ

第4章　IoTを加速する"半導体部品たち"の素顔

(a) **基本構造**

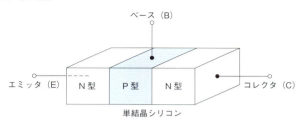

単結晶シリコンのP型領域を、2つのN型領域で挟んだ構造をしている。ただし、各々のN型領域とP型領域をそれぞれ別に作って接着したのではなく、あくまで1つの単結晶シリコン基板を処理する中で、N型不純物とP型不純物をシリコンに微量添加することで作られる。

(b) **回路記号**

エミッタ端子に付した矢印の向きで、「NPN型」と「PNP型」を区別する

図4-16　NPN型バイポーラトランジスタ

ポーラトランジスタです。

　バイポーラトランジスタは、**図4-16**のように、エミッタ(E)、ベース(B)、コレクタ(C)と呼ばれるシリコン導電型領域を持っています。導電型の組み合わせにより、NPN型とPNP型の2つのタイプがありますが、ここでは性能面でより優れたNPN型バイポーラトランジスタについて説明します。

　NPN型バイポーラトランジスタで、エミッタとコレクタ間に電圧V_{CE}をかけた状態で、ベースに流す電流I_Bを少し変化させると、コレクタに流れる電流I_Cが大きく変化します。このI_Bをパラメーターとする「V_{CE}—I_C特性」(**図4-17**) は、トランジスタの基本的な

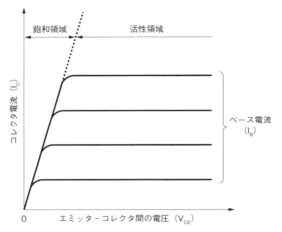

エミッタとコレクタ間に電圧V_{CE}をかけた状態で、ベースに流す電流I_Bを少し変化させると、コレクタに流れる電流I_Cが大きく変化する。
I_CがV_{CE}にほとんど依存しない活性領域と急激に変化する飽和領域がある。

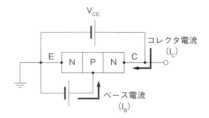

活性領域で動作している時、エミッタ電流のベース電流に対する比は、電流増幅率（h_{FE}エイチエフイー）と呼ばれる。すなわち$h_{FE}=I_C/I_B$が成り立つ。

図4-17 NPN型バイポーラトランジスタの特性（V_{CE}-I_C特性）

特性です。このV_{CE}―I_C特性から、I_CがV_{CE}にほとんど依存しない活性領域と、急激に変化する飽和領域があることがわかります。バイポーラトランジスタが活性領域で動作しているとき、コレクタ電流のベース電流に対する比は「電流増幅率」と呼ばれ、特にエミッタを接地したときの電流増幅率はh_{FE}（エイチエフイー）と呼ばれます（$h_{FE} = I_C/I_B$の関係）。

バイポーラトランジスタは、もともと、工業化された最初のトランジスタですが、その後の技術革新によって急速に頭角を現してきたMOSトランジスタに徐々に置き換えられてきました。現在では「MOSトランジスタで行ける所はすべてMOSトランジスタで」という状況です。それでも一部の高周波、高出力、高駆動能力、低ノイズなどが要求される分野で使われています。

②MOSトランジスタ

・Nチャンネル型（NチャンネルMOSトランジスタ）

MOSトランジスタは、現在最も多くの分野で大量に使われているトランジスタです。MOSという名称は「金属（Metal）―酸化物（Oxide）―半導体（Semiconductor）」の頭文字を組み合わせたもので、「MOS」という名称自身がトランジスタの構造を表しています。

MOSトランジスタには主に、Nチャンネル型、Pチャンネル型、CMOS型の3種類があります。まずNチャンネル型と呼ばれるMOSトランジスタについて見ておきましょう。

図4-18には、NチャンネルMOSトランジスタの(a)構造模型図、(b)断面図、(c)回路記号を示しています。この図で、P型の単結晶シリコン基板の表面近傍にN^+（N型不純物濃度が高いという意味）のソース、ドレインと呼ばれる2つの領域を、さらにその2

つの領域間の基板表面上には二酸化シリコン(SiO_2)からなるゲート絶縁膜を、またその上に多結晶シリコンからなるゲート電極を持っています。

このトランジスタで、基板とソース領域を接地した状態でゲート電極に正のゲート電圧(V_G)を加え、ドレイン領域に正のドレイン電圧(V_D)を加えると、ソース領域とドレイン領域の間にドレイン電流(I_D)が流れます。その理由は、ゲート電圧によって基板表面に薄いN型層(反転層と呼ばれる)ができ、これがソース領域とドレイン領域をつなぐためです。ただし通常は、ゲート電極に電圧を加えないときには反転層はできていないため、ドレイン領域に電圧を加えても、ドレイン電流は流れません。ゲート電圧を上げていったときにドレイン電流が流れ始めるゲート電圧は、スレッショールド電圧(閾値電圧／V_{TH})と呼ばれます。すなわち、$V_G > V_{TH}$のときにドレイン電流が流れます。

実際には、**電流はソース領域からドレイン領域に向かって反転層内を走る自由電子**によって担われています。このときの様子を図4-19に示しますが、横軸をV_D、縦軸をI_D、パラメーターをV_Gとしたときの特性で、通常「電流(I)—電圧(V)特性」、簡単に「I-V特性」とも呼ばれ、トランジスタ動作の最も基本となるものです。この図から、I-V特性曲線は、ドレイン電圧によってドレイン電流が急激に変化する非飽和領域とドレイン電圧が変わってもドレイン電流がほとんど変化しない飽和領域に分けられます。

・Pチャンネル型(PチャンネルMOSトランジスタ)

ところで、図4-18で示したNチャンネル型の構造模型と断面図において、その各部の単結晶シリコンの導電型をすべて反転したトランジスタも存在します。それがPチャンネル型です。図4-20に、PチャンネルMOSトランジスタの(a)断面図と(b)回路

第4章 IoTを加速する"半導体部品たち"の素顔

(a) 構造模型図

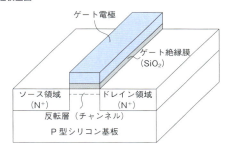

P型単結晶シリコン基板の表面近傍にソースとドレインと呼ばれる2つのN⁺領域（N型導電型不純物、たとえばヒ素が高濃度に添加された領域）と、その2つの領域の間のシリコン基板表面上にゲート絶縁膜（たとえばSiO2）と、さらにその上にゲート電極（多結晶シリコンやシリサイドあるいは金属）を有する。このゲート構造が、MOS（Metal-Oxide-Semiconductor 金属―酸化膜―半導体）という名称の由来になっている。

(b) 断面図　　　　　　　　　　　　　**(c) 回路記号**

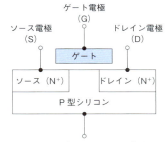

基板端子に付した矢印の向きで、Nチャンネル型を示す
（矢印は入る方向）

図4-18　NチャンネルMOSトランジスタ

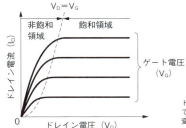

ドレイン電流（I_D）がドレイン電圧（V_D）でほとんど変化しない飽和領域と急激に変化する非飽和領域に分けられる。

図4-19　NチャンネルMOSトランジスタの基本特性（I-V特性）

記号を示します。

回路記号に関しては、基板端子に付いている矢印の向きに注意してください。Nチャンネル型では「入る」方向、Pチャンネル型では「出る」方向です。Pチャンネル型では、加える電圧もすべてNチャンネル型とは反対（負電圧）になります。

図4-21に、PチャンネルMOSトランジスタのI-V特性を示します。PチャンネルMOSトランジスタでは、負のゲート電圧（V_G）を加え

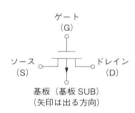

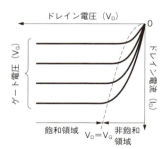

図4-20　PチャンネルMOSトランジスタ

図4-21　PチャンネルMOSトランジスタの基本特性（I-V特性）

たときにドレイン電流が流れるのは、負の値のスレッショールド電圧（V_{TH}）に対し、$VG < V_{TH}$の場合です。また**Pチャンネル型でドレイン電流を担っているのは正孔（ホール）**で、負のゲート電圧によりP型シリコンの表面にできた薄いP型層の中を正孔がソースからドレインに向けて走るためです。

　MOSトランジスタは、バイポーラトランジスタに比べ、
・電圧駆動であること
・構造が比較的簡単で、平面的処理を繰り返すことで立体構造を実現する技術（プレーナ技術）に向いていること
・微細化技術の進展で素子の微細化が可能になり、高集積・高機能・高信頼性の大規模集積回路（LSI）が可能になったこと
・素子当たりの低コスト化が可能になったこと
などが合わさって、現在、MOSトランジスタは非常に多くの分野で用いられています。

③CMOS型

　CMOS型の「C」はComplementary（相補的）、すなわち「お互いを補い合う」という意味で、Nチャンネル型とPチャンネル型のMOSトランジスタを組み合わせ、お互いが補完し合うようにしたものです。CMOS型では、同一単結晶シリコン基板上にNチャンネルMOSトランジスタとPチャンネルMOSトランジスタを作らなければならないため、「ウエル」（well 井戸）と呼ばれる、比較的深い領域（P型かN型の不純物を添加した領域）が必要です。ウエルにも様々なタイプのものがあり、ここでは最も一般的なP型シリコン基板を用いた場合について、代表的なNウエルと呼ばれる構造を**図4-22**に示しています。図からわかるように、NチャンネルMOSトランジスタはP型シリコン基板の中に、Pチャンネル

MOSトランジスタはNウエルの中に作られています。

　ところで、**CMOS型はプラスの電源電圧で動作**しますが、読者の中には「Nチャンネル型はプラス電圧で、Pチャンネル型はマイナス電圧で動作するといっていたのに、それを組み合わせたCMOS型はなぜプラス電圧だけで動くのか？」と疑問を持つ人もいるかも知れません。その理由を以下に説明します。

　今、**図4-23**のPチャンネルMOSトランジスタに着目してその回路記号と動作電圧を**図4-23**（a）に示します。この図では、シリコン基板はGND（接地）につながれていますが、Nウエル（この場合、PチャンネルMOSトランジスタの基板と同じ）を電源に接続すると**図4-23**（b）に示したようになり、動作モードが等価的に**図4-23**（a）と同じになるのです。

　CMOS型は、単独のNチャンネル型やPチャンネル型のMOSトランジスタよりも構造が複雑な分だけ作りにくく、コストもアップします。その反面、低電源電圧動作、微細化による高集積化に加え、圧倒的な低消費電力など、複雑で大規模な多機能・高機能・高性能・高信頼性の集積回路（LSI）を実現する上で、決定的な特徴とメリットを有しているため、広い分野の用途に利用されています。近年のバッテリーで動作するモバイル機器の爆発的普及は、低消費電力のCMOS型が出現していなければ、実現されなかったでしょう。

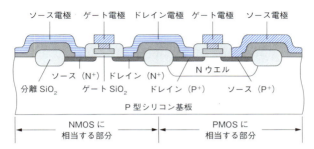

P型シリコン基板表面近傍の一部にNウエルを形成し、PチャンネルMOSトランジスタ（PMOS）はNウエル上に、NチャンネルMOSトランジスタ（NMOS）はP型基板上に形成。

図4-22　CMOS型の構造断面モデル

上記(a)と(b)はPチャンネルMOSトランジスタにとって電気的に等価になる。

図4-23　CMOS型における電圧の等価性

4-7 メモリ①「記憶する」半導体
―― (n×m)ビットの情報を記憶するしくみ

　半導体メモリ（以下メモリ）とは情報を記憶・保持し、必要に応じて取り出せる機能を持った半導体デバイスのことです。

●碁盤の目でできたメモリの構造

　メモリはまるで、**碁盤目状の市街のような構成**でできています。**図4-24**に示したように、ワード線（WL）と呼ばれる横方向のX番地（X_1、X_2、…X_n）と、ビット線（BL）またはデジット線（DL）と呼ばれる縦方向の番地（Y_1、Y_2、…Y_m）を格子状に設け、各アドレス（X_iとY_jの交点）にメモリ素子を配置することで構成されます。この格子状の配列全体はメモリセルアレイ、配列の単位はメモリセルと呼ばれます。

　メモリ素子は、明確に識別できる2つの電気的な状態を持ち、その一方を「1」、他方を「0」とすることでメモリセルは1ビットの情報を記憶します。このため、全体では(n×m)ビットの情報を記憶できます。

　実際のメモリLSIは、128ページの**図4-25**に示したようにメモリセルアレイの他に、書き込むべきデータを取り込んだり、読み出したデータを外部に取り出したりするための入出力回路、書き込みや読み出し時のアドレスを選択するためのデコーダ回路、読み出し感度を上げるためのセンスアンプ回路、その他の動作のための周辺回路を付加することで1個のチップが作られます。

　メモリは129ページの**図4-26**に示したように、その基本的な動作の違いにより、記憶内容が変更できない「読み出し専用メモリ」（ROM：Read Only Memory）と記憶情報をランダムに書き込んだ

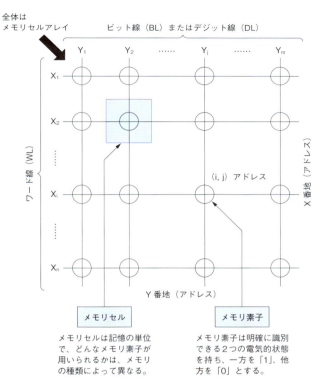

図4-24 メモリセルアレイの基本的構成

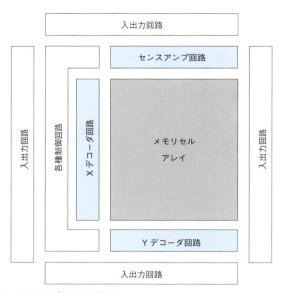

図4-25　メモリチップの基本的構成

り読み出したりできる「随時書き込み読み出しメモリ」(RAM：Random Access Memory)に大別されます。またROMの一種で、記憶内容の書き込みを可能にしたプログラマブルROMとして「フラッシュメモリ」(Flash Memory)があります。

またRAMは、記憶保持動作が不要な「スタティックRAM」(SRAM)と記憶保持動作が必要な「ダイナミックRAM」(DRAM)に分けられます。

なお、ROMは当然としても、フラッシュメモリも電源を切っても記憶し続ける「不揮発性メモリ」であり、一方、電源を切ると記憶が失われるRAMは「揮発性メモリ」とも呼ばれます。

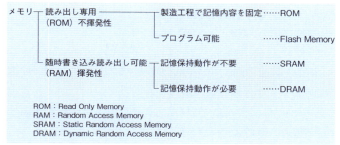

図4-26　代表的なメモリの分類

●メモリに要求される特性

メモリに要求される特性として、次のようなものがあります。

① どのくらい多く記憶できるかという「記憶容量」（n×m）
② どのくらい速く記憶できるかという「書き込み速度」
③ どのくらい速く思い出せるかという「読み出し速度」
④ 情報をどのくらい長く憶えているかという「記憶保持時間」
⑤ 読み出しでデータが消える「破壊読み出し」か、データが残る「非破壊読み出し」か
⑥ 電源を切ったら記憶が失われる「揮発性」か、記憶し続ける「不揮発性」か

メモリのこれら①～⑥の諸特性は、ひとえにどんなメモリ素子を利用しているかで決まります。メモリのアプリケーションに際しては、各種メモリの特徴に加え、ビット当たりのコストを勘案した上で、分野ごとの棲み分けが行われています。

以降の節では、代表的なメモリとして図4-26のSRAM、DRAM、フラッシュメモリの3つを取り上げ、その違いなどを具体的に見ていくことにしましょう。

4-8　メモリ②SRAM
──複雑な構造だが高速・低消費電力という利点

　SRAM（Static Random Access Memory：エスラム）とは、記憶保持動作が不要な随時書き込み読み出しメモリのことで、再書き込みやリフレッシュ動作が不要なため、**SRAMは電源が入っている限り、静的にデータを保持し続ける特徴があります。**

　複数の素子からなるSRAMメモリセルには様々な構成法がありますが、特性的に最も優れた「フルCMOS型」と呼ばれるタイプを**図4-27**に示します。セルは、記憶部として互いに「襷掛け」された一対のCMOS型インバータと、書き込み・読み出し用の転送MOSトランジスタ2個の、合計6個のトランジスタからなっています。**図4-27**で、Q_5のゲートはワード線（W_i）に、ソースはデジット線（D_j）に、ドレインは左ノードに接続されています。

　一方、Q_6のゲートはW_iに、ソースは$\overline{D_j}$に、ドレインは右ノードに接続されています。ただ$\overline{D_j}$はD_jの反転論理で交互に配置されます。（i, j）番地のメモリセルでW_iを「H」にし、Q_5とQ_6をオンさせた状態でD_jを「H」、したがって$\overline{D_j}$を「L」にすると、左ノードには「H」、すなわち「1」が書き込まれ、右ノードには「L」、すなわち「0」が書き込まれます。逆にD_jを「L」にすると、左ノードに「0」が書き込まれ、右ノードに「1」が書き込まれます。

　読み出しは、W_iを「1」にしてQ_5とQ_6をオンさせたとき、D_jが「H」か「L」（$\overline{D_j}$が「L」か「H」）のどちらの状態かを検出することで行います。

　SRAMメモリセル構造は複雑で、高密度化・大容量化がむずかしく、ビット当たりコストも高いものの、高速で消費電力が極めて少ない利点を生かし、パソコン、ワークステーション、ルータ、

第4章 IoTを加速する"半導体部品たち"の素顔

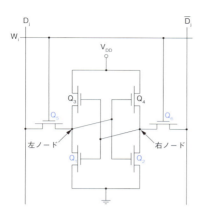

Q_1、Q_2、Q_5、Q_6:NMOSトランジスタ
Q_3、Q_4:PMOSトランジスタ

Q_1とQ_3およびQ_2とQ_4はCMOSインバータを構成し、それがお互いに襷掛けされ記憶部を構成している。

Q_5とQ_6は書き込み・読み出し用の転送トランジスタでゲートはワード線W_lに、ソースはそれぞれデジットD_l線と$\overline{D_l}$線に接続されている。

書き込み:W_lを「H」にしてQ_5とQ_6をオンさせた状態でD_lを「H」($\overline{D_l}$を「L」)にする。するとQ_1はオフしQ_2はオンし、Q_3はオンしQ_4はオフし、左ノードには「H」すなわち「1」が、右ノードには「L」すなわち「0」が、書き込まれる。逆にD_lを「L」に$\overline{D_l}$を「H」にすると、左ノードには「0」が、右ノードには「1」が書き込まれる。

読み出し:W_lを「H」にしてQ_5とQ_6をオンさせた状態で、D_lが「1」か「0」($\overline{D_l}$が「0」か「1」)のどちらかを増幅器(センスアンプ)で検出することで記憶内容を読み出す。

記憶保持:W_lを「0」にしてQ_5とQ_6をオフさせた状態では、左右のノードの「1」、「0」は、電源が入っている限りそのまま記憶され続ける。

図4-27 フルCMOS型のSRAMメモリセル構成と基本動作

液晶ディスプレイやプリンターの画像保持、MPUやMCUの内蔵キャッシュ、HDDのバッファなどの他に、ASICやFPGAなどのチップにも組み込まれています。

4-9　メモリ③DRAM
――最もポピュラーなメモリの代表

　DRAM(Dynamic Random Access Memory：ディーラム)は、「記憶保持動作が必要な随時書き込み読み出しメモリ」と呼ばれ、コンピュータの主記憶装置などに多数用いられている代表的な半導体メモリです。

　DRAMのメモリセルは、**図4-28**に示したように、選択トランジスタと呼ばれる1個のNチャンネルMOSトランジスタと直列に接続された電荷蓄積用の1個のキャパシタ(=コンデンサ)から構成されているため、1T1C型セル、あるいは「ワントラワンシー」型セルなどとも呼ばれます。

　DRAMのメモリセルアレイでは、**図4-29**に示したように、選択トランジスタのゲート電極をワード線(W)に、ドレイン電極をビット線(B)につなぎ、選択トランジスタと直列接続されたキャパシタの他端子(=プレート)をグラウンド(GND=接地)に接続します。実際の製品では、キャパシタのプレートは電源電圧V_{DD}の2分の1(=$V_{DD}/2$)にしますが、これは本質的な話ではありませんので、理解しやすさを考慮し、グラウンド接続として説明します。DRAMでは、メモリセルのキャパシタが充電され、電荷が蓄積された状態を「1」、キャパシタが放電され、電荷がない状態を「0」とします。

　DRAMのメモリセルに「1」を書き込むには、**図4-30**に示したように、ワード線(W)の電圧を上げた状態で、ビット線(B)の電圧を上げます。そのとき、メモリセルが「0」の状態であれば、オンした選択トランジスタのドレインからキャパシタの電極に電流が流れ込み、電荷が蓄積されて「1」の状態に変わります。もし「1」

第4章 IoTを加速する"半導体部品たち"の素顔

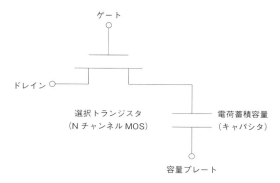

図4-28 DRAMのメモリセル

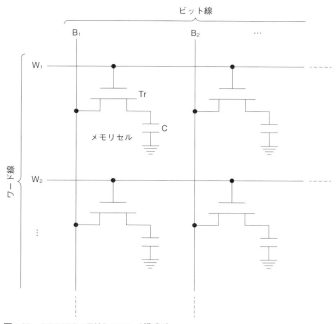

図4-29 DRAMのメモリセルアレイ構成法

の状態であれば、キャパシタはすでに充電されていますので、メモリセルは「1」の状態を保ちます。こうして、いずれにせよ「1」が書き込まれます。

一方、「0」を書き込むには、ワード線の電圧を上げた状態で、ビット線をGNDにします。そのとき、メモリセルが「1」の状態であれば、オンした選択トランジスタを介し、キャパシタに蓄積されていた電荷がビット線に向かって流れ（電流が流れ）、キャパシタは放電して「0」の状態に変わります。もし、「0」の状態であれば、キャパシタには蓄積電荷がないので（すでに放電されているので）、メモリセルの状態は変わらず「0」の状態を保ちます。いずれにせよ「0」が書き込まれます。

DRAMメモリセルの読み出し動作では、図4-31に示したように、ワード線の電圧を上げて選択トランジスタを導通させたとき、ビット線にキャパシタから電流が流れ込むか否かを検出します。すなわち、メモリセルが「1」の状態であれば、キャパシタに蓄積されていた電荷がビット線に流れ込み、ビット線の電位をわずかに変化させます。もし、メモリセルが「0」の状態であれば、キャパシタからビット線への電流の流れ込みはなく、ビット線の電位は変化しません。こうして、読み出したメモリセルの状態が「1」か「0」かが識別されます。読み出し動作における、ビット線の電位変動は小さいため、センスアンプと呼ばれる増幅回路を使い、微小な変動を検出します。

以上の説明からも明らかですが、DRAMでは、一度読み出し動作を行うと記憶内容が失われる「破壊読み出し」のため、読み出し動作のすぐ後に、同じ内容を書き込む「再書き込み動作」が必須です。また記憶容量に蓄積された電荷は微小なリーク電流で徐々に失われますので、数十ミリ秒の一定の時間間隔で同じ

第4章　IoTを加速する"半導体部品たち"の素顔

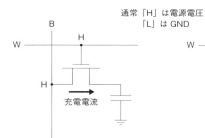
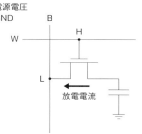

「1」を書き込むにはワード線（W）とビット線（B）の電圧を上げる「H」と、メモリセルが「0」であればキャパシタに充電電流が流れ込み、電荷が蓄積され「1」の状態に変わる。メモリセルが「1」であれば、状態は変わらず「1」のままである。

「0」を書き込むにはワード線（W）の電圧を上げ「H」、ビット線（B）の電圧を下げる「L」。メモリセルが「1」であればキャパシタの蓄積電荷が放電され、「0」の状態に変わる。メモリセルの状態が「0」であれば、状態は変わらず「0」のままである。

図4-30　DRAMの書き込み方法

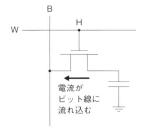

ワード線（W）の電圧を上げた時「H」、メモリセルの状態が「1」であれば、キャパシタの蓄積電荷が放電され、流れ込んだ電流によりビット線（B）の電位が少し変わる。このときメモリセルの状態は「0」に変わる。

ワード線（W）の電圧を上げた時「H」、メモリセルの状態が「0」であれば、電流はビット線（B）に流れ込まず、ビット線の電位は変わらない。

図4-31　DRAMの読み込み方法

135

記憶内容を更新するリフレッシュと呼ばれる動作が必要です。

　DRAMでは、メモリセルを微小化していくと固有の問題が顕在化します。それは、蓄積キャパシタの電極面積が小さくなるにつれて、蓄積電荷量も少なくなるという問題です。読み出しの動作原理から、この蓄積電荷量があまり少なくなると、読み出し時にビット線の電位変動が小さくなり過ぎ、センスがむずかしくなるからです。このため、メモリセルを微小化するにはキャパシタの3次元構造化（いわば土地の単価が上がる中でできるだけ居住面積を増やすために平屋構造から二階建てや地下室を作ることに相当）や、キャパシタ電極の表面に凹凸を設けることで実効面積を増大させる工夫、さらには静電容量を大きくするために特殊な高誘電率材料を採用することなどが、必要になります。

　また、DRAMのデータアクセス速度を上げるため、クロック信号と同期してデータを読み出すSDRAM（Synchronous DRAM：エスディーラム）と呼ばれるタイプのDRAMも、マイコンCPUなどの高速化に合わせ、使われるようになっています。

　DRAMは揮発性、すなわち電源を切れば記憶情報がすべて失われるという性質に加え、上に述べたような動作上の様々な制限があるにもかかわらず、数多く使われています。その理由はひとえに、書き込み・読み出し動作が高速で、ランダムアクセスが可能なこと、比較的簡単なメモリセル構造のためビット当たりの製造コストを低く抑えられることに理由があります。

　DRAMは、コンピュータやサーバの主記憶装置から、テレビやデジタルカメラなど、多くの情報機器の記憶装置として用いられていますが、通常多くの場合、DIMM（Dual Inline Memory Module：ディム）と呼ばれる、複数のDRAMチップをプリント基板上に搭載したメモリモジュールとして利用されています。

4-10　メモリ④ フラッシュメモリ
——GPS、ルータからスマートフォンまでIoTを支えるデバイス

　フラッシュメモリは、記憶内容を電気的に書き替えられる**不揮発性**メモリで、近年、その重要性がますます高まっています。

　フラッシュメモリのメモリセルはスタックトゲート型と呼ばれ、1個のメモリトランジスタからなっています。**図4-32**に、スタック

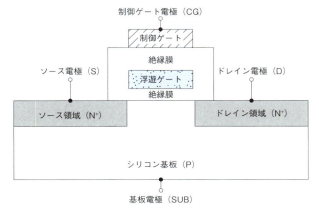

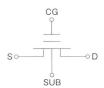

図4-32　フラッシュメモリのセル構造と回路図

トゲート型メモリトランジスタの断面模型図と回路記号を示します。スタックトゲート型トランジスタは、NMOSトランジスタのゲート絶縁膜中に「浮遊ゲート」(FG:Floating Gate)と呼ばれ、他の部分から完全に絶縁されたゲート電極を埋め込んだ形をしています。このため通常のMOSトランジスタのゲート電極に相当する部分は「制御ゲート」(CG:Control Gate)と呼ばれます。

●メモリへの書き込み、消去、読み出し

このメモリセルをアドレス(X_i, Y_j)に配置するには、**図4-33**に示したようにソースをGND(接地)に、制御ゲートをワード線(W_i)に、ドレインをビット線(B_j)に接続します。

メモリセルに「1」を書きこむには、**図4-34**に示したようにソースと基板をGNDにし、制御ゲートとドレインに高い電圧を加えます。するとソースから供給された電子がシリコン表面のチャンネル内を高速で走り、ドレイン近傍に達すると高エネルギー状態の熱い電子(=ホットエレクトロン)になり、その一部がゲート絶縁膜を飛び越えて浮遊ゲートに注入されます。浮遊ゲートに注入された電子のマイナス電荷により、メモリセルは、等価的に、制御ゲートにマイナス電圧を加えたような状態に変化します。この状態をメモリセルの「1」状態とします。一方、「1」が書き込まれたメモリセルを消去して「0」に戻すには、ドレインをオープン、制御ゲートをGNDにして、ソースに高い電圧を加えます。すると浮遊ゲート内の電子が電界によりトンネル現象でソースに引き抜かれ、浮遊ゲートは中性状態(製造直後の状態)に戻ります。

次に、メモリセルの状態が「1」か「0」かを読み出すには、**図4-35**に示したように、制御ゲートとドレインに読み出し電圧(1.8〜3.5Vほどの低電圧)を加えたとき、ソースとドレイン間に電流

第4章 IoTを加速する"半導体部品たち"の素顔

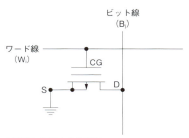

図4-33 フラッシュメモリのメモリセル配置法

書き込み:「1」の状態にする

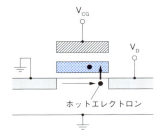

ソースと基板を GND に、制御ゲートとドレインに高い電圧（例えば $V_{CG}=12\,V$、$V_D=6\,V$）を加える。するとソースから供給された電子はシリコン表面を高速で走り、ドレイン近傍で高いエネルギーを得て（熱い電子：ホットエレクトロンとなって）、一部がゲート絶縁膜を飛び越えて浮遊ゲートに注入され、等価的に制御ゲートにマイナス電圧をかけたような状態になる。この状態を「1」とする。

消去:「0」の状態（＝初期状態）にもどす

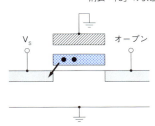

ドレインをオープン、制御ゲートを GND に、ソースに高い電圧（例えば $V_D=12\,V$）を加えると浮遊ゲート内に注入されている電子が電界によりトンネル現象でソースに引き抜かれ、浮遊ゲートは中性状態、すなわち製造直後の初期状態に戻る。この状態を「0」とする。

図4-34 フラッシュメモリの「書き込み」と「消去」

が流れれば「0」、流れなければ「1」とします。すなわち「1」の場合、制御ゲートのプラス電圧が浮遊ゲート内の電子のマイナス電荷に打ち消されるため、メモリトランジスタが導通しない(オフ状態)からです。

セルアレイ全体の書き込みと読み出しは、ワード線(W_i)とビット線(B_j)によるメモリセルへ書き込みと読み出しの動作を、ワード線とビット線の全体を走査することで行います。一方、消去はブロック単位で行います。

「0」状態のメモリセル

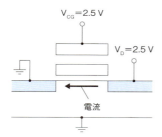

ソースと基板を GND に、制御ゲートとドレインに読み出し電圧(例えば V_{CG}=2.5 V、V_D=2.5 V)を加える。するとトランジスタはオン(=導通)し、ソースとドレイン間に電流が流れる。

「1」状態のメモリセル

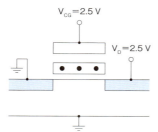

ソースと基板を GND に、制御ゲートとドレインに読み出し電圧(例えば V_{CG}=2.5 V、V_D=2.5 V)を加える。トランジスタの浮遊ゲート内の電子のマイナス電荷により制御ゲートに加えられたプラス電圧がキャンセルされるため、トランジスタはオフ(=非導通)のままで、ソースとドレイン間に電流が流れない。

図4-35　フラッシュメモリセルの読み出し

フラッシュメモリでは、記憶容量を増大させるため、しばしば「多値技術」という手法が用いられます。通常のメモリセルは、1個で「1」「0」の2値情報（＝1ビット）を記憶しSLC（Single Level Cell：単一レベルセル）と呼ばれますが、図4-36に模式的に示したように、浮遊ゲートに注入される電子の数の多さによって、「00」「01」「10」「11」の4値（2ビット）を記憶できるDLC（Double Level Cell：ダブルレベルセル）や「000」「001」「010」「011」「100」「101」「110」「111」の8値（3ビット）を記憶できるTLC（Triple Level Cell）を用いたものも製品化されています。

多値技術は、大容量化には非常に有効な方法ですが、書き込み時に注入電子量を何段階かの識別できるレベル（＝論理レベル）に作り分けなければならず、さらに読み出し時には、異なる論理レベルの違いを識別しなければならず、その分だけ回路動作は複雑になります。またフラッシュメモリで書き込みと消去の動作を繰り返すと、各論理レベル間の幅（ウインドウと呼ばれる）がしだ

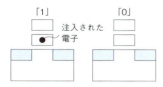

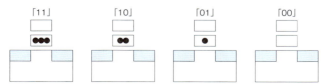

図4-36　フラッシュメモリの多値技術

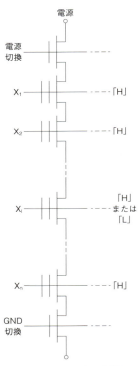

スタックドゲートトランジスタを縦積み（直列接続）にし、ビット線（Y_j）を選び、X_i以外のワード線を全て「H（ハイ）」にした状態でX_iの「H」「L」を切り換える。また縦積みトランジスタの電源側に近い側と、GNDに近い側には、切り換えスイッチとしてのMOSトランジスタが配置されている。

図4-37　NAND型フラッシュの(X_i, Y_j)アドレスへのアクセス

いに狭くなり、ついには区別できなくなるため、繰り返し可能回数が制限されます。たとえばSLCの10万回に対し、絶縁膜に対する書き込み消去時のストレスが大きいTLCでは1万回ともいわれています。

ここまではNOR型と呼ばれる、メモリトランジスタを横積み（＝並列接続）したメモリセルの構成法を用いたフラッシュメモリについて説明しましたが、NAND型と呼ばれるタイプも存在します。

NAND型フラッシュメモリでは、図4-37のように、ビット線（Y）方向にメモリセルが縦積み（＝直列接続）されています。このため、NOR型では必要だったメモリセルごとのGND線とビット線（Y）への接続が不要になります。NAND型で(X_i, Y_j)番地のメモリセルに対する書き込みと読み出しは、X_i以外のすべてのワード線を「ハイ」（書き込みの高電圧、または読み出し電圧）にした状態で、X_iとY_jにかける電圧をオン／オフすることで行われます。

表4-7から、NOR型はランダムアクセス読み出しが速いなどの

表4-7 フラッシュメモリの比較(NOR型、NAND型)

	NOR型	NAND型
書き込み動作	バイト単位、遅い	ページ単位、速い
読み出し動作	バイト単位、遅い ランダムアクセス速い	ページ単位、速い ランダムアクセス遅い
消去動作	ブロック単位、遅い	ブロック単位、速い
高集積化	○ 全メモリセルのドレインはビット線、ソースはGND線に接続される	◎ メモリセルごとのビット線とGND線への接続が不要
大容量化	○	◎
コスト（ビット当たり）	高い	安い
主な用途	PC、ルーター、プリンタ、GPS、車載機器、PDA、…	USBメモリ、フラッシュSSD、デジカメ用メモリカード、携帯音楽プレーヤー、携帯電話、スマートフォン、…

〈注記〉保持特性はNOR型、NAND型で同じ：約10年
　　　　書き込み消去の繰り返し回数は同じ：約10万回、ただし多値化すると低下する。ページ単位とは行単位の意味

長所を生かし、パソコン、ルータ、プリンタ、GPS、車載機器、PDAなどに、一方、NAND型は書き込みと読み出しの高速性、消去動作の高速性、メモリセルが小さく高集積化が可能なため大容量化が容易でビット当たりのコストが低いことなどの長所を生かし、USBメモリ、フラッシュSSD、デジカメ用メモリカード、携帯音楽プレーヤー、スマートフォンなどに用いられています。

4-11 「論理演算する」半導体
──3つの基本回路であらゆる論理回路が組める

　論理演算を行う回路は「論理回路」と呼ばれ、**図4-38**に示したように「1」「0」からなるデジタルの入力信号(I_1、I_2、……、I_n)に一定の論理演算処理を行い、その結果をデジタルの出力信号(O_1、O_2、……、O_m)として出す回路のことです。もちろん、半導体素子を駆動するため、外部から電気エネルギーを供給する電源(V_{DD})と、使い終わったエネルギーを外部へ排出するためのグラウンド(GND＝接地)も必要です。

　論理回路は大きく2種類に分けられます(**図4-39**)。すなわち、ある時点における出力状態が、その時点における入力状態だけで決まる「組み合わせ論理回路」と、ある時点における出力状態が、その時点における入力状態だけでなく、それ以前の状態にも依存する「順序論理回路」です。順序論理回路は、**図4-40**に示したように「組み合わせ論理回路に記憶回路を付加する」ことで構成され、記憶回路に蓄えられた以前の論理演算の結果を入力の1つとして組み合わせ論理回路にフィードバックする機能を持っています。

　実際の論理演算処理には単純なものから複雑なものまで様々なレベルがありますが、その基本的な原理は決してむずかしいものではありません。

　論理演算の基本的な規則は、G.ブールによって考案された「ブール代数」に準拠して、「1」と「0」の論理値に対し、

　　「…でない」を意味する「論理否定」……記号「 ̄」
　　「…または…」を意味する「論理和」……記号「＋」
　　「…かつ…」を意味する「論理積」……記号「・」

で表すと、次の式が成り立ちます。

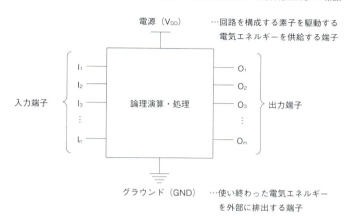

図4-38 論理回路の概念図

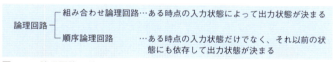

図4-39 論理回路の種類

図4-40 順序論理回路の構成

論理否定 $\overline{1} = 0$ $\overline{0} = 1$

論理和 $0 + 0 = 0$ $0 + 1 = 1$ $1 + 1 = 0$

論理積 $0 \cdot 0 = 0$ $0 \cdot 1 = 0$ $1 \cdot 1 = 1$

　また、A、B、Cを「1」か「0」の論理値とすると、

　　交換法則：　$A + B = B + A$　　$A \cdot B = B \cdot A$

　　結合法則：　$A + (B + C) = (A + B) + C$

　　　　　　　$A \cdot (B \cdot C) = (A \cdot B) \cdot C$

　　分配法則：　$A \cdot (B + C) = A \cdot B + A \cdot C$

　　二重否定：$\overline{\overline{A}} = A$

と表せます。実際の論理回路はいくつかの「基本回路」(「ゲート回路」とも呼ばれる)から構成されます。本書では、その中でも基本中の基本といえる3つの回路についてのみ取りあげますが、その3つの基本回路の組み合わせだけで、どのような複雑な論理でも構成できることが、B.ラッセルとN.ホワイトヘッドの『プリンキピア・マテマティカ』などでも証明されています。

①NOT回路（別名：インバータ、反転回路）

　NOT回路は、論理回路の中でも最も基本的な回路です。NOT回路は図4-41のように、1入力(X)1出力(Y)を持ち、「三角形の先に○」を付けた回路記号で表されます。NOT回路の論理演算は真理値表に示されているように $Y = \overline{X}$ となります。

　NOT回路をCMOS型によって実現するには（図4-42）、NMOS(Q_1)とPMOS(Q_2)を直列接続し、Q_2のもう一方の端子を電源(V_{DD})に、Q_1のもう一方の端子をグラウンド(GND)に、Q_1とQ_2の共通のゲートを入力(X)端子、Q_1とQ_2の接続点を出力(Y)端子とします。この回路に「1」($= V_{DD}$)が入力されるとQ_1は「オン」Q_2は「オフ」し、出力は「0」($=$ GND)になります。一方、「0」が入力さ

第4章　IoTを加速する"半導体部品たち"の素顔

[回路記号]

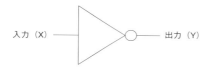

[真理値表]

入力 X	出力 Y
1	0
0	1

0を入力すると1が、1を入力すると0が出力される。すなわち、入力論理値が、反転（インバート）される。

図4-41　NOT回路──回路記号と真理値表

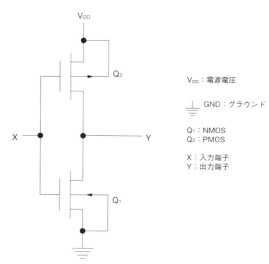

V_{DD}：電源電圧

⏚ GND：グラウンド

Q_1：NMOS
Q_2：PMOS

X：入力端子
Y：出力端子

図4-42　CMOS型によるNOT回路の構成

れるとQ_1はオフしQ_2はオンし、出力は「1」となります。すなわち、NOT回路の真理値表と合致します。

②OR／NOR回路

「…または…」という論理演算を行う基本回路が**OR回路**です。OR回路は複数の入力と1つの出力（Y）を持っていますが、ここでは最も簡単な2入力（A、B）の場合について見てみましょう。**図4-43**はOR回路の回路記号と真理値表を示します。この真理値表では、入力A、Bの論理値の組み合わせで、AとBが共に「0」のときYは「0」で、その他の場合はすべて「1」になります。OR回路の論理演算は次式で表されます。

$$Y = A + B$$

OR回路をCMOS型で実現する方法を説明する代わりに「NOT＋OR」の演算を考えてみましょう。これはOR回路の出力Yだけを反転させる回路で「**NOR回路**」と呼ばれます。**図4-44**はCMOS型によるNOR回路の構成法を示します。並列に配置されたNMOSトランジスタQ_1とQ_2に対し、直列接続されたPMOSトランジスタQ_3とQ_4がさらに直列に接続されています。Q_1とQ_3およびQ_2とQ_4のゲートは、それぞれ入力AとBに、Q_1とQ_2とQ_4の共通のドレインは出力Yになっています。またQ_1とQ_2のソースはGNDに、Q_3のソースはV_{DD}に接続されています。

この回路では、入力A、Bが共に「0」のときQ_1とQ_2は両方オフし、Q_3とQ_4は両方オンしますから出力YはV_{DD}につながり「1」になります。その他の入力A、Bの組み合わせに対しては、Q_1とQ_2のどちらかがオンし、Q_3とQ_4のどちらかがオフしますので、出力YはGNDにつながり「0」となり、NOR回路の論理演算に一致しています。

第4章 IoTを加速する"半導体部品たち"の素顔

[回路記号]

[真理値表]

入力		出力
A	B	Y
0	0	0
0	1	1
1	0	1
1	1	1

A、Bがともに「0」のときYは「0」で、その他のA、Bの組み合わせに対しては、すべて「1」になる。

図4-43 OR回路──回路記号と真理値表

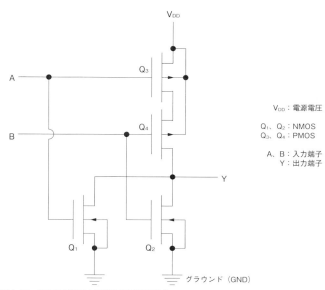

V_{DD}：電源電圧

Q_1、Q_2：NMOS
Q_3、Q_4：PMOS

A、B：入力端子
Y：出力端子

図4-44 CMOS型によるNOR回路の構成

149

実際の回路設計ではOR回路の代わりNOR回路が使われます。理由はNOTがすべての基本になっているため、トランジスタ数が少なくて済むからです。OR回路はNOR回路にNOT回路を追加しなければなりません。

③AND／NAND回路

「…かつ…」という論理演算を行う基本回路がAND回路です。AND回路は複数の入力と1つの出力(Y)を持っていますが、ここでは最も簡単な2入力(A、B)の場合について見てみましょう。図4-45の真理値表では、入力A、Bの論理値の組み合わせで、AとBが共に「1」のときYは「1」で、その他の場合はすべて「0」になります。AND回路の論理演算は次式で表されます。

$Y = A \cdot B$

先のNOR回路と同様に、「NAND回路」(NOT + AND)のCMOS型による構成法を図4-46に示します。

直列接続されたNMOSトランジスタQ_1とQ_2に対し、PMOSトランジスタQ_3とQ_4が並列に接続されています。Q_1とQ_4、Q_2とQ_3の共通のゲートがそれぞれ入力A、Bに、Q_1とQ_3およびQ_4の共通のドレインが出力Yになっています。またQ_2のソースはGNDに、Q_3とQ_4のソースはV_{DD}に接続されています。

ここで入力A、Bが共に「1」のとき、Q_1とQ_2は両方オンし、Q_3とQ_4は両方オフし、出力Yは「0」になります。その他の入力A、Bの組合せに対しては、Q_1とQ_2のどちらかがオフし、Q_3とQ_4のどちらかがオンしますから、出力Yは「1」となり、これがNAND回路の演算に一致するのは明らかでしょう。

第4章 IoTを加速する"半導体部品たち"の素顔

[回路記号]

[真理値表]

入力		出力
A	B	Y
0	0	0
0	1	0
1	0	0
1	1	1

A、Bがともに「1」のときYは「1」で、その他のA、Bの組み合わせに対しては、すべて「0」になる。

図4-45 AND回路──回路記号と真理値表

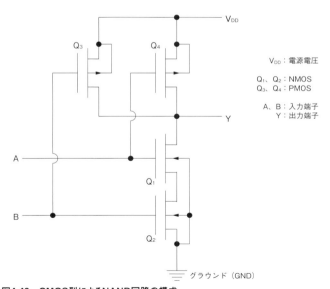

V_{DD}：電源電圧

Q_1、Q_2：NMOS
Q_3、Q_4：PMOS

A、B：入力端子
Y：出力端子

図4-46 CMOS型によるNAND回路の構成

4-12　マイクロコンピュータ①MPU
──様々なIoT機器の頭脳

　コンピュータの中で各種演算やデータ処理を行う心臓部はCPU（Central Processing Unit 中央演算処理装置）と呼ばれます。このCPUの働きを単独の1チップとして実現したLSIがMPU（Micro Processing Unit 超小型演算処理装置）あるいはマイクロプロセッサ（Microprocessor）です。

●MPU内部の構成と役割
　MPUは複雑な処理を簡単な命令に分解して実現します。図4-47に示したように、MPU内部では、取り込まれた命令は命令レジスタに格納され、命令デコーダで解読されます。マイクロコードと呼ばれる処理内容を記述したコードが格納されている制御回路は、命令デコーダからの指示により、実行すべき命令を各回路の動作に翻訳し制御信号を発生し、全体の動作とタイミングを制御します。

　ALU（Arithmetic and Logical Unit 算術論理演算装置）は算術・論理演算を行う部分と、ある特定のビット部分だけデータをシフトできるバレルシフタとデータレジスタが一体化されています。レジスタを多数集積したレジスタファイルにはプログラムカウンタ、データを後入れ先だし（LIFO:Last In First Out）で保持するデータ構造のスタック、汎用レジスタが含まれています。

　メモリ管理ユニットはMPUがメインメモリとデータをやり取りする際に内部アドレスと外部アドレスを変換したり、メインメモリとハードディスクからなるメモリ環境をサポートして、プログラムを書きやすくしたりします。

第4章 IoTを加速する"半導体部品たち"の素顔

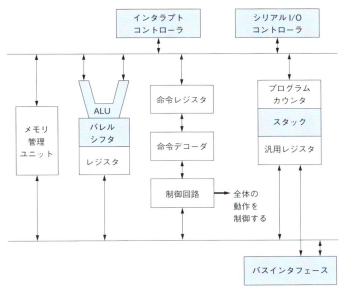

ALU (Arithmetic and Logical Unit 算術論理演算装置)
バレルシフタ：ある特定のビット部分だけデータをシフトできる回路
スタック：基本的なデータ構造の1つで、データを後入れ先出し（LIFO：Last In First Out）の構造を保持する回路
インタラプト：実行中の処理を一時的に中断して、より優先度の高い別の処理を割り込ませること
シリアルインタフェース：シフトレジスタによるシリアルデータとパラレルデータの変換
バスインタフェース：コンピュータ内部の機器や外部の装置と接続する経路（＝バス）のためのインタフェース

図4-47　MPUの基本回路構成例

インタラプトコントローラは実行中の処理を一時中断して、より優先される別の処理を行うための制御を行い、シリアルI/Oコントローラはデータのシリアル-パラレル変換を制御します。バスインターフェースは、内部機器や外部装置と接続する経路のインターフェースを示します。

●MPUのアーキテクチャにはCISC型、RISC型がある

MPUの基本設計仕様はアーキテクチャと呼ばれますが、大きくCISC（Complex Instruction Set Computer: 複合命令セットコンピュータ）とRISC（Reduced Instruction Set Computer: 縮小命令セットコンピュータ）の2種類に分類されます。

CISC型は、最初のMPUから採用されていましたが、高級言語の1ステートメントを1命令として処理するため、複雑なハードウェア構成が必要になります。

一方、RISC型は、1マシンサイクルで実行できる少数の単純な命令で命令セットを構成し、簡単なハードウェアを高速で動作させ、複数のステップで高級言語を処理します。

このような違いがあるため、CISC型はハードウェアへの負担が大きい分、ソフトウェアへの負担が少なくなります。逆にRISC型は、ソフトウェアへの負担が大きい分、ハードウェアへの負担が少なくなります。

CISC、RISCの用途としては、パソコン向けにはCISC型が主流ですが、RISC型はサーバ、ワークステーション、LANルータ、ゲーム機などに利用が広がっています。

MPUはこのような各種コンピュータに使われているだけでなく、PDA（携帯情報端末）、プリンタ、デジタルTV、携帯電話、スマートフォン、デジカメ、プリンタ、DVDなど、様々な電子機器に

表4-8　MPUの特徴比較──CISCとRISC

MPU	CISC 複合命令セットコンピュータ	RISC 縮小命令セットコンピュータ
特徴	・複雑・多様な命令セットを持ち、プログラムしやすいように命令セットを次々に追加・拡充した多機能なMPU ・設計・高集積化が難しい ・開発TATが長い ・パソコンの汎用MPUの主流	・命令セットの簡略化によりハードウエア実現効率を上げたMPU ・高集積・高速化が比較的容易 ・開発TATが比較的短い ・ワークステーションや最新ゲーム機に用途拡大

TAT(Turn Around Time　工期、納期)

搭載されています。**表4-8**に、CISCとRISCの特徴の比較をまとめて示してあります。

表4-8の比較にいくつかの補足説明を加えると、CISCでは、各命令は仕様によって決まるため、最適なフォーマットとサイズに設計され、命令ごとに実行時間も異なります。また命令のデコードはマイクロROM方式を採用し、処理時間がかかる一方、複雑な処理が可能になります。1命令の処理に複数のクロックを使うので、1クロックに数サイクルかかっても、処理結果が1度に出るので結果的に処理効率が上がります。

一方、RISCでは、1命令サイクルをパイプライン処理で行うので、固定命令サイズを用います。1命令処理を高速で行うためマイクロROMは用いず、ランダム論理(NOT、OR、ANDなどの基本論理回路とフリップフロップなどの記憶論理回路を組み合わせた論理)が用いられます。パイプライン処理で1命令を単独クロックで行います。

4-13　マイクロコンピュータ②MCU
──家電からクルマまで、身近に使われるコンパクトCPU

　MCU（Micro Controller Unit　超小型制御装置）は、1チップ上に、CPUに加えプログラムデータを格納する各種メモリや、周辺機器を制御する入力データと出力データの出入り口となるI/Oポートなど、マイコン動作に必要なすべての機能を搭載したLSIで、このためシングルチップマイコン（Single Chip Microprocessor）と呼ばれることもあります。

　MCU内で使われるCPUは、MPUに比べれば機能面や性能面では劣りますが、1チップ上に各種機能を取り込んでいるため、システムとしてコンパクトにまとまっていて、比較的低コストで実現できます。このため、小規模な電子機器の頭脳部として使われることも多く、また高性能・高機能な電子機器でもMPUと組み合わせて各種制御を行うLSIとしても広く使われています。図4-48に8ビットMCUの1例を示していますが、CPUの他に、ROMとRAMのメモリ、カウンタ、タイマ、クロックジェネレータ、キーボードやディスプレイなどの周辺機器を制御するI/Oポート、アナログ-デジタル変換器（ADC、DAC）、液晶駆動回路、外部メモリへ直接アクセスするための制御回路、命令の実行順序を一時的かつ強制的に変更する割り込み機能回路など、様々な回路が搭載されます。

　MPUはビット数の増大に従って、機能・性能が向上しますが、表4-9に主な用途を示してあります。この図からも、MPUは民生用としての家電から、各種情報端末、通信機器、産業用、クルマ、娯楽などから、上位ビット品は高性能デジタル家電から車載用と、機能、性能、価格に応じて使い分けられています。

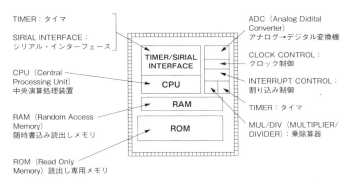

図4-48 MCUの機能ブロックによる回路構成例

表4-9 MCUの主な用途

ビット数	民生・家電	産業	自動車	娯楽
4	リモコン 電子レンジ	───	───	万歩計
8	オーディオ テレビ カメラ	マウス POS端末	エアバッグ ドア制御	ゲームパッド
16	MD エアコン	自動販売機 インバータ制御	パワステ カーエアコン	
32	携帯電話 DVD デジカメ ICカード	プリンタ エレベータ制御 自動発券機	エンジン制御 ABS	───
64	高性能デジタル家電、車載用、…			

ABS：Antilock Brake Systemアンチロック・ブレーキ・システム

4-14 ASIC（専用LSI）
──特注のセミオーダー LSI、オーダー LSI

　メモリやMPUなどの汎用LSIに対し、ASIC（Application Specific IC）と呼ばれる専用LSIがあります。汎用LSIが、いわば既製品とすれば、ASICはセミオーダーメイドやオーダーメイドに相当します。

　ASICの1つ、ゲートアレイ（GA: Gate Array）はセミカスタムLSIです（図4-49）。まずチップ上にマスタースライスと呼ばれるパターンを作り込んだシリコンウエーハを準備します。パターンには、ゲートと呼ばれる論理回路の基本構成単位（＝セルcell）が、縦横に規則的に配列（＝アレイarray）されています。下地工程を終えたウエーハは下地ウエーハと呼ばれます。

　次に、カスタマーの要求に合わせて、下地ウエーハの上に形成されているパターンを金属配線で接続し、必要な論理機能を持ったLSIを実現します。

　この配線以降の工程は上地工程と呼ばれますが、ゲートアレイでは、カスタマーの要求仕様が決定してからすでに準備してある下地ウエーハに上地工程を施すだけでLSIが完成します。このため開発期間が短く、回路変更も容易で、コストも削減できるため、多品種少量生産にも向いています。

　これに対して、スタンダードセルアレイ（SCA: Standard Cell Array）は完全なオーダーLSIです（図4-50）。カスタマーの要求に沿って、最初から基本セルを配置・配線して作ります。このため、チップサイズを小さくし、特性も向上できますが、開発期間は長くなり、回路変更も容易ではなく、コストも嵩みます。

第4章 IoTを加速する"半導体部品たち"の素顔

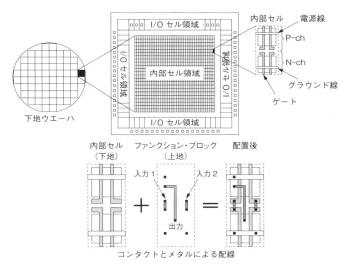

図4-49 ゲートアレイの構成法

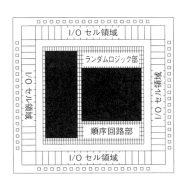

スタンダードセルアレイでは、最初からユーザーの要求に沿って論理ブロックを配置・配線し、要求される機能を実現する。基本論理ブロックの他に、順序回路ブロックなども利用される。

図4-50 スタンダードセルアレイのチップの例

4-15　プログラマブルロジックFPGA
——専用LSIと汎用LSIの性質を併せ持つ

　FPGA（Field Programmable Gate Array）は、PLD（Programmable Logic Device）の代表的なデバイスで、製造が終わったLSIの論理ハードウェアを、**ユーザーが後からソフトウェアで自由にプログラムできる専用LSI**です。この意味で、FPGAは汎用LSIと専用LSIの両方の性質を合わせ持っているともいえます。

　FPGAは当初、プログラムのためのCAD（コンピュータ支援設計）装置が安いこと、マスク設計費が不要なこと、少量製品や試作品あるいはソフトウェアのエミュレータ用など、コストが安く、短納期で、変更がしやすい専用LSIとして開発されました。しかし、その後FPGAはこれら用途に限らず、多くの分野で注目され脚光を浴びるようになっています。

　FPGAのハードウェア構成法にもいくつかの方法がありますが、ここでは図4-51に示すようなCLB（Configurable Logic Block）と呼ばれる、構成可能なロジックブロックのエレメントをマトリックス状に並べ、エレメントの間に縦横に走る複数本の配線を這わせます。ここで、ロジックブロックエレメントは、ルックアップテーブル（LookUp Table:LUT）とフリップフロップ（Flip Flop:FF）で構成されています。

　ルックアップテーブルは「対応表」と訳されますが、入力（この場合は3入力A、B、C）の8種類のデータ（$=2^3$）に対する任意の真理値表が記載されていて（たとえばSRAMにより）、入力に応じ対応するデータをルックアップテーブルから読み出し、出力します。すなわち、ルックアップテーブルの内容を外部から書きかえ

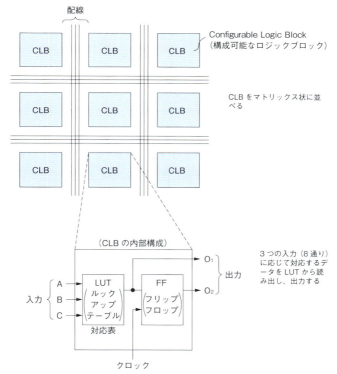

図4-51　FPGAのハードウェア構成例

ることによって、入力と出力の関係を自由に定義できることになります。ルックアップテーブルは、先に説明した組み合わせ論理回路ですが、ロジックブロックエレメントのもう1つのフリップフロップは、順序論理回路を構成するためのものです。

このように、FPGAでは、ハードウェアの構成エレメントとしての論理回路自体を外部からプログラムで変更できるだけでなく、それらのエレメントをつなぐ配線もプログラムで自由に変更でき

るようになっています。このため、図4-52に示すように、縦横の交点における（図4-52の場合は3本×3本）配線間をプログラムで任意に接続できます。

このようにして、FPGA全体の専用LSIとしての論理機能をユーザーが自由にプログラムできるわけです。

●マイクロプロセッサより高速

FPGAのロジックブロックエレメントのルックアップテーブルの記憶装置として、SRAMの他に図4-53に示したように、プログラム可能な論理回路の他にCPU（中央演算処理装置）、メモリ、各種IF（インターフェース回路）、DSP（デジタル信号処理プロセッサ）、PLL（Phase Locked Loop位相同期回路）などを搭載し、システムレベルのLSIを実現したものもあります。

本節の最初に述べたように、FPGAには様々な用途・応用分野がありますが、近年特に注目されている分野として、最先端のデータセンターにおけるビッグデータ処理の頭脳となるデバイスへの応用があります。この分野は、従来、マイクロプロセッサの専売特許でしたが、FPGAによって複雑な処理を一気に実行できる専用演算回路を実現できるため、複雑な数値演算に効果的で、さらに並列化による高速化も可能になります。

消費電力当たりの検索能力の性能で比較すると、**FPGAはマイクロプロセッサの約10倍勝っている**という報告もあります。つまり、同じ性能であれば消費電力を10分の1に低減できることを意味します。これはマイクロプロセッサがソフトによって働きを変える汎用デバイスであるのに対し、FPGAはある処理に特化した専用のLSIにできるからです。

第4章 IoTを加速する"半導体部品たち"の素顔

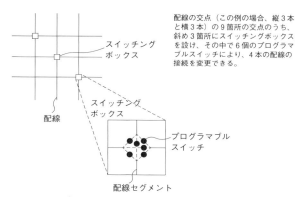

配線の交点（この例の場合、縦3本と横3本）の9箇所の交点のうち、斜め3箇所にスイッチングボックスを設け、その中で6個のプログラマブルスイッチにより、4本の配線の接続を変更できる。

図4-52　FPGAのプログラム可能な配線接続

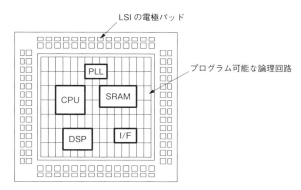

プログラム可能な論理回路のほかに、CPU（中央演算処理装置）、DSP（デジタル信号処理装置）、SRAM（メモリ）、各種IF（インターフェース回路）、PLL（位相同期回路）などが埋め込まれているFPGAの例。

図4-53　FPGAの構成例

4-16 システムLSIとIP（設計資産）
──用意された機能ブロックを組み合わせる手法

　システムLSIの目的は、少量多品種への対応、大規模論理の実現、設計コストの低減、設計期間の短縮、設計の省力化と自動化の推進などです。これらの目的を達成するには、トランジスタレベルから直接LSIを構成するのでは、時間とコストがかかりすぎ、とても多品種には対応できません。

　そこで、システムLSIでは、あらかじめ使用頻度の高い「ファンクションブロック」、すなわち基本論理ゲートやそれらを組み合わせたフリップフロップなどの論理回路や、SRAMなどのメモリ、インターフェース回路、PLL（位相同期回路）など、まとまった回路機能を1つの機能ブロックとしてまとめたもの（＝マクロ）をビルディングブロックとして、これら**ブロックを組み合わせて必要な機能を持ったLSIを設計する手法**を取っています。もちろん、このような階層設計ができるようになった背景にはCAD（コンピュータ支援設計）技術の飛躍的な進歩とともに、そのように設計された超多機能なLSIを作るための製造技術の進歩があったことはいうまでもありません。

　この階層型設計手法を用いることで、**図4-54**に示すように、あらかじめ設計・確認済みのビルディングブロックが準備されているため、トランジスタレベルのレイアウト（配置配線）やシミュレーションに要する時間が省略できます。またビルディングブロックを多数のLSIに利用可能なものにするには、各種の設計データを規格化、資産化、データベース化しておく必要があり、規格化資産化されたデータの総称を「ライブラリ」と呼びます。ライブラリを整備することで、設計の高度化と自動化がさらに促進されま

第4章 IoTを加速する"半導体部品たち"の素顔

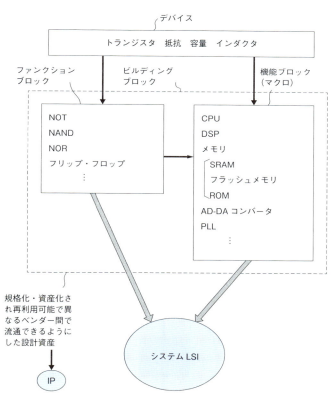

ファンクションブロック：NOT、NAND、NORなどの基本論理ゲートや、それらを組み合わせた
　　　　　　　　　　　フリップフロップなどの論理回路ブロック
機能ブロック（マクロ）：CPU、DSP、メモリ、インターフェース回路などのまとまった回路機
　　　　　　　　　　　能を1つの機能ブロック化したもの。
ビルディングブロック：上の2種類のブロックをまとめて呼ぶ総称。
IP（知的財産）：規格化、資産化、データベース化された設計資産としてのビルディングブロック
　　　　　　　で、異なるベンダー間で流通できるもの。

図4-54 ビルディングブロックによるシステムLSIの設計

す。マクロ、ライブラリの他にIP（知的財産）と呼ばれる「設計資産」があります。これはライブラリとして資産登録されたビルディングブロックのことで、再利用可能な構成になっていて、異なるLSIベンダー間で流通できるものを指します。したがって、「IP、ビルディングブロック、マクロ」という名称は、基本的に同じものを指すこともあります。

IPを利用してシステムLSIを設計する際には、図4-55に示したように、ICメーカーが有する自社IPだけでなく、他社の有するIP、ユーザーの有するIP、IPプロバイダの有するIPを選択して利用することが可能になります。この意味で、IPそれ自体は1つの

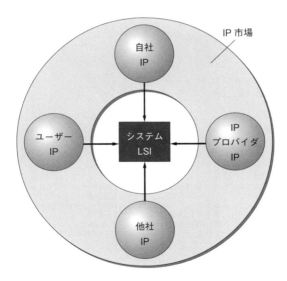

システムLSIの設計者（例えば半導体メーカー）は、自社が保有するIPだけでなく他社のIP、ユーザーのIP、IPプロバイダのIPなどを検索し、最適なIPを選び、それらを組み合わせて設計できる。そのためIPは資産登録され、再利用可能な構成を持ち、異なるベンダー間で流通できるものにしなければならない。こうして、IP自体が1つの市場を形成している。

図4-55　IP市場

市場を形成しています。

●SOCとSIP

次に、システムLSIを1つのチップ上で実現したSOC(System onChip)と1個のパッケージ上で実現したSIP(System In Package)について説明します。

SOCでは、設計者は広くIP市場を検索し最適と考えられるIPを選択し、それを組み合わせて実現します。したがって、たとえば図4-56に示したように、従来は別々のLSIとして実現されていたユーザーロジック、CPU(中央演算処理装置)、SRAMメモリ、パラレルインターフェース、シリアルインターフェース、GDC(グラフィックディスプレイコントローラ)、ADC／DAC(アナログ・

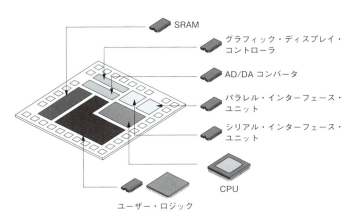

従来は別々のLSIとして実現されていた、ユーザーロジック、CPU、SRAMインターフェース、AD／DAコンバータなどの回路機能をブロックしたIPを組み合わせてSOCを実現する。

図4-56　SOCの構成

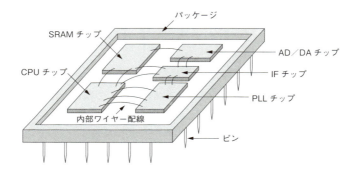

ユーザーロジック、CPU、SRAM、インターフェース、AD／DAコンバータなどの個別のLSIチップを1個のパッケージ内に搭載し、相互に内部配線（ボンディングワイヤー）で接続する。

図4-57　SIPの構成

デジタルコンバータ、デジタル・アナログコンバータ）などが、機能化されたブロックによって1個のSOCとして実現されています。

SIPは、図4-57に示したように、各種の機能ブロックを1チップ上に搭載する代わりに、各種のLSIを1つのパッケージ上に搭載し、それを相互にワイヤー（＝ボンディングワイヤー）で接続して実現したものです。SIPは、SOCに比べて性能では劣りますが、開発までの時間やコストなどの面ではアドバンテージがあります。

したがって、ユーザーは生産数量、性能、コスト、開発期間などを勘案してSOCかSIPを選択することになります。

4-17　アナログ回路(オペアンプ)
―― センサー信号を増幅する

　ICにはアナログ信号を扱うものもあります。オペアンプ(OPErational AMPlifier)は代表的なアナログ回路で、「演算増幅器」とも呼ばれ、抵抗、コンデンサ、ダイオード、トランジスタなどの素子と組み合わせて、様々なアナログ演算を行うための基本となる増幅器です。図4-58にオペアンプの回路記号を示します。2つの入力V^+とV^-は差動入力と呼ばれ、絶対値ではなく「差」のみが意味を持っています。オペアンプの電圧増幅率をA_vとすれば出力V_oは、$V_o = A_v(V^+ - V^-)$で与えられます。

　オペアンプの等価回路と主要な特性を図4-59に示します。主な特徴としては入力抵抗(R_i)と電圧増幅率が極めて高く(理想状態では無限大∞)出力抵抗(R_o)が極めて低い(理想状態では0)ことが挙げられますが、実際のオペアンプでは、ある範囲の標準的な値を持っています。理想化された状態のオペアンプでは、±の入力端子間に電位差がなく、この性質は仮想接地と呼ばれます。

　さらに、±の入力端子間には電流が流れません。このようなオペアンプの持つ性質を利用したアナログ演算回路の例として、図

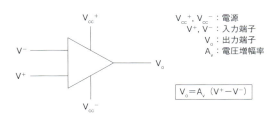

図4-58　オペアンプの回路図

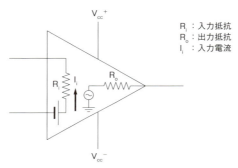

主な特性	理想状態	標準的な値
入力抵抗（R_i）	∞	$0.25 \sim 10^7$ MΩ
出力抵抗（R_o）	0	$30 \sim 200$ Ω
電流増幅率（A_v）	∞	$40 \sim 3000$ V/mV

理想的なオペアンプでは、±の入力端子間（V⁺とV⁻）に電位差がなく、これは仮想接地と呼ばれる。また±の入力端子間には電流が流れない。

図4-59　オペアンプの等価回路と主な特性

4-60に微分回路を示します。ここでは、直列接続した抵抗（R）と容量（C）の接続点をオペアンプの−入力端子に、抵抗の他端を出力に接続し、容量の他端に入力電圧V_iを加えます。またオペアンプのV⁺は接地されます。この回路では、$V_o = -CR(dV_i/dt)$となり、微分演算が行えます。このときCR = 1としておけば、出力は入力の時間微分に−を付けた値となります。

オペアンプには、上に示した微分回路を含め、実に様々な用途があり、IoTの主役ともいえるセンサーのアナログ信号の増幅などの各種の処理回路、DAコンバータ、オーディオ回路、ビデオ回路などに広く利用されています。

[回路構成]

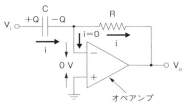

C：容量
R：フィードバック抵抗
Q：容量蓄積電荷

$$Q = \int i\,dt = CV_i \rightarrow i = C\frac{dV_i}{dt}$$
$$Ri = -V_o$$

以上から次式が得られる。

$$V_o = -CR\frac{dV_i}{dt}$$

[三角入力波形の微分]

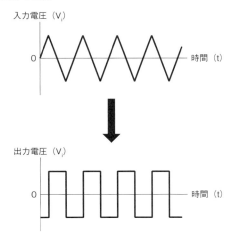

図4-60 オペアンプを用いた微分回路

4-18 アナログ・デジタルの信号変換
──DAコンバータ、ADコンバータ

　センサーは検出した様々なアナログ信号をアナログ電気信号に変換して出力しますが、それに様々な信号処理を施すには、まずアナログ信号をデジタル信号に変換し、再び人間が理解できるアナログ信号に戻す必要があります。このため、アナログ信号とデジタル信号の相互変換をするコンバータ（＝変換器）が求められます。以下に代表的なコンバータについて説明します。

①DAコンバータ（DACまたはDA変換器）
　デジタル信号をアナログ信号に変換するDAコンバータとして、ここではLSI化に適した「ストリング抵抗方式」について説明します。DAコンバータは、図4-61のようにnビットの入力（b_1, …b_n）に対しては2^n個の単位抵抗Rと、単位抵抗間の電圧を取りだすためのタップスイッチS_0〜S_{2^n-1}と、デジタル入力に応じてタップスイッチを制御するデコーダ回路から構成されています。この回路で基準電圧をV_{ref}とすれば、出力電圧V_oは、

$$V_o = (V_{ref}/2^n) \Sigma b_i 2^{i-1}$$

で得られます。この方式は入力信号に対する出力信号の単調増加性を確保しやすいという利点がある反面、負荷の駆動能力が低い欠点があるので、必要に応じバッファアンプ（緩衝用増幅器）を追加します。

②ADコンバータ（ADCまたはAD変換器）
　ADコンバータとして、ここでは変換速度が1 MHz以下の中速領域で、各種のセンサーやサーボ系制御機、あるいは汎用マイコ

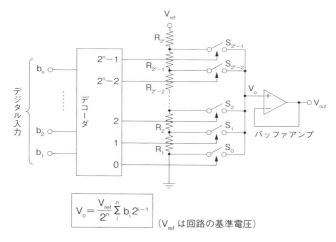

$$V_o = \frac{V_{ref}}{2^n}\sum_{i}^{n} b_i 2^{i-1}$$

(V_{ref} は回路の基準電圧)

この方式では出力の負荷駆動能力が低いので、図の右に示したように必要に応じてバッファアンプ(緩衝用増幅器)が追加される。

図4-61　ストリング抵抗方式のDAコンバータの回路構成

ンでも多用されている「逐次比較方式」を例に説明します。

　図4-62からもわかるように、このADコンバータでは、スイッチS_1、S_2、S_3と電荷蓄積用の容量C、比較器、逐次比較レジスタ、DAコンバータから構成され、DA変換器の出力(V_{DAC})は入力端子V_{in}と並列に入力側にフィードバックされています。

　アナログ信号からデジタル信号への変換は、nビットの場合、n回の比較動作を繰り返すことで実行されます。まず第1ステップのサンプリング期間では、アナログ入力電圧V_{in}をサンプリングし、スイッチS_1とスイッチS_3をオン、スイッチS_2をオフにして、保持容量Cに電荷$Q_S = C \cdot V_{in}$を蓄積します。

　次のホールド期間ではS_1、S_2、S_3をすべてオフにして上記電荷を保持します。次の比較期間で比較器の入力端子電圧をV_xとす

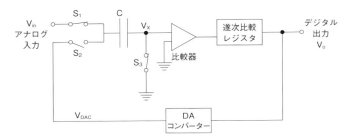

逐次比較レジスタとは、比較器の結果を格納しておくメモリのこと。
サンプリング期間：アナログ入力 V_{in} をサンプリングし、スイッチ S_1、S_3 をオン、S_2 をオフにして、保持容量 C に電荷 $Q_S = C \cdot V_{in}$ を蓄積する。
ホールド期間：S_1、S_2、S_3 を全てオフにし、容量の蓄積電荷 $Q_S = C \cdot V_{in}$ を保持する。
比較期間：比較器への入力端子電圧を V_x とすれば $Q_S = C \cdot (V_{DAC} - V_x)$ から
$V_x = V_{DAC} - V_{in}$ となり、V_{in} を V_{DAC} と比較する。

図4-62　逐次比較方式のDAコンバータの回路構成と動作

ると、電荷保存則から $Q_S = C \cdot (V_{DAC} - V_x)$ となり、したがって $V_x = V_{DAC} - V_{in}$ となります。すなわち、アナログ入力信号 V_{in} をDA変換器の出力電圧 V_{DAC} と比較します。

DAコンバータは逐次比較レジスタからの信号で最初の比較をする際、アナログ入力信号の基準となる電圧の最大値の1/2の電圧を出力します。この電圧 V_{DAC} と V_{in} を比較し、$V_{in} > V_{DAC}$ なら逐次比較レジスタに「1」を書き込み、逆の場合は「0」を書き込みます。次に、第1回目の比較で「1」の場合は V_{DAC} として最大値の3/4が出力され、「0」の場合は最大値の1/4が出力され、V_{in} と比較されます。その結果、V_{in} が大きい場合は逐次レジスタに「1」を書き込み、小さい場合は「0」を書き込みます。

以下、同様の操作を繰り返し、nビットのデジタル値を決定します。ここで使われるDAコンバータとしては、先に紹介したストリング抵抗方式などが利用されます。

第5章

IoT 時代に求められる新しい半導体テクノロジー

5-1　IoTを実現する新しい半導体テクノロジー
──異次元のメモリとコンピュータ

　これから本格的なIoT時代を実現するために、その中核技術としての半導体には、どんな新しいテクノロジーが求められるのでしょうか。

　前にも述べましたが、データの収集、送信、処理を行うIoTネットワークのすべてのノード（節）には、多種多用な半導体デバイスが数多く用いられています。したがってIoTの進展に伴って、微細化技術に代表される先端半導体テクノロジーを反映させ、より高機能・高性能・高信頼性・低コストのデバイスを開発していかなければなりません。

　ただ、これは十分なリソース（人、物、金）を投入すれば解決可能、言い換えると、現実的困難さを別にすれば、質的面では従来技術の延長線上で考えられると思われます。

　しかし、ビッグデータの処理とストレージに関しては、質的なブレークスルーが求められるでしょう。本格的なIoT時代には、数十ゼタバイト（1ZB = 10^{21} バイト）もの膨大なデータがクラウドに上げられ、それをAI（人工知能）技術を駆使して処理し、ストレージ（格納・保存）しなければならないからです。

　そのため、データセンター（iDC）で「処理」を受け持つサーバのキー半導体デバイスであるMPUの消費電力を抑え高性能化・低価格化すること、「ストレージ」を受け持つ主記憶装置としてのDRAMと補助記憶装置としてのHDDを他のデバイスに変えて、消費電力を抑え高信頼性化・高性能化・低価格化しなければなりません。

　消費電力に関しては、日本国内でiDCの設置が多い東京では、

第5章 IoT時代に求められる新しい半導体テクノロジー

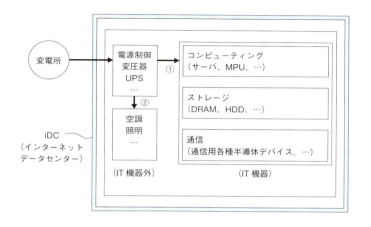

UPS：Uninterruptible Power Supply　無停電電源供給装置

$$\text{PUE（電力エネルギー効率）} = \frac{①+②}{①} \quad \text{通常 } 1.7\sim2.0$$

図5-1　インターネットデータセンター（iDC）の電力消費

全東京都で使われている電力の実に20％がiDCで消費されています。このiDCでの使用電力は、情報機器（サーバ、ストレージ、通信機器）と、それに匹敵する空調や照明などで消費されていて、情報機器の性能を上げて低消費電力化を図ることは、デバイスへの初期投資と熱対策を含む電気料金のランニングコストの削減に2重に利いてきます（**図5-1**）。

このような状況を背景にして、データ処理に関しては、現在のノイマン型と呼ばれるコンピュータとはまったく異なる、人間の脳のニューロンの働きを模した、まったく新しい「ニューロモーフィック・チップ」と呼ばれる半導体デバイスが（**図5-2**）、またDRAMとフラッシュ／SSDのいいとこ取りしたような「万能メモリ」

〈コンピューティング〉

	半導体デバイス	コメント
従来	MPU	・汎用品なので処理速度・消費電力の問題が顕在化。AI処理・コストの改善が必要
進行中	FPGA MPU + FPGA MPU + FPGA	・目的に合わせカスタマイズ可能で、処理速度・消費電力面で有利 ・高度なカスタマイズで、処理の高速化・高性能化が可能 ・1チップに統合
将来	ニューロモーフィック・チップ	・ハードとしてのニューロンを模した非ノイマン型コンピュータ ・人間の右脳的な働きに優れ、AI技術の大幅な進歩を促し、低消費電力で、高速・高性能のデータ処理可能

図5-2 IoT時代に求められるデータ処理①コンピューティング

に大きな期待が掛けられています(**図5-3**)。

現在のiDCにおける集中処理的なやり方が、これらの新しい半導体テクノロジーが実現することで、分散処理的な方法にさらに進む、あるいは取って替わるかも知れません。前にも少し触れたとおり、"雲"のクラウドコンピューティングから、"霧"のフォグコンピューティング、あるいはインターネットのエッジ(端末近辺)でできるだけの処理を受け持つ、エッジコンピューティングと呼ばれる方法です。

図5-2や**図5-3**の「将来」として書かれているニューロモーフィック・チップと万能メモリについては、§5-4(p.186)、§5-5(p.193)で詳しく説明します。

第5章 IoT時代に求められる新しい半導体テクノロジー

〈ストレージ〉

	半導体デバイス		コメント	
	主記憶装置	補助記憶装置	主記憶装置	補助記憶装置
従来	DRAM	HDD	・揮発性メモリで常時電源供給が必要 ・リフレッシュ/再書き込みで電力消費 ・書き込み/読み出しが高速でランダムアクセス可能 ・大容量・低ビットコスト	・揮発性メモリでイベントドリブンでその分の消費電力は少ない ・大容量・低容量単価 ・性能面の制約でソフトウェアによる高性能化が困難 ・機構部の不安定性と消費電力の大きさに問題あり
進行中		フラッシュ/SSD		・3DNAND 多値技術による大容量化、低コスト化 ・HDDに比べ高性能でソフトウェアの付加価値が高い ・繰り返し回数に制限があり、ソフト支援が必要
将来	万能メモリ		・DRAM の長所を維持したままの不揮発性メモリ 主記憶と補助記憶の区別がなくなる ・ストレージを変えるだけでなく、コンピューティングを含めた概念に大幅な変革をもたらす可能性が大	

図5-3 IoT時代に求められるデータ処理②ストレージ

5-2 エネルギーバンドとは?
――半導体のおおもとの力の源泉

　これまでの説明で、半導体とくにシリコンについて、ある程度の定性的なイメージはつかんでもらえたのではないでしょうか。しかし半導体が働くメカニズムをもっと正確かつ定量的に理解するには、量子力学によるアプローチが必要になります。

　量子力学はアインシュタインの相対性理論と並んで現代物理学の双璧を成しますが、ここでは量子力学の適用が、半導体を理解する上での見通しをいかに良くするかを実感していただければと思います。

　原子単独の場合、原子核の周りを回る電子にはいくつかの軌道があり、電子はそれぞれの軌道に相当する飛び飛びのエネルギーレベル(＝準位)を取ります。一方、多数の原子が集まると、原子間の相互作用によってエネルギー準位が幅を持つようになり、帯状の連続的な分布を取ります。

　シリコン原子では、内側からエネルギーの低い順に、K殻に2個、L殻に8個の内殻電子を、一番外側のM殻に4個の価電子を持っています。

　しかしシリコン単結晶になると、各殻のエネルギー準位は幅を持った帯(＝バンド)に変化し、K殻とL殻は内殻電子に満たされた充満帯、M殻は価電子に満たされた価電子帯、その上の自由電子が入る伝導帯に分かれ、各々の帯は電子が存在できない禁制帯で分離されます。このような帯状のエネルギー準位はエネルギーバンドと呼ばれます(図5-4)。

　ここで半導体の電気的性質を決める価電子帯と伝導帯の部分に着目すると、電子が存在できない禁制帯の幅(＝バンドギャップ)

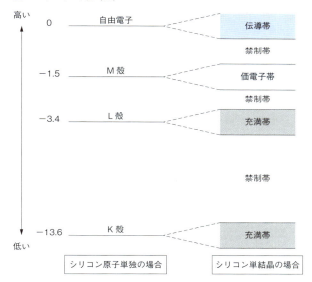

1eV：1V/cmの電界で加速された電子が1cm走ったときに得るエネルギー

図5-4　シリコンのエネルギーバンド

は1.1eV（エレクトロンボルト）となります（図5-5）。

　ここでeVとは、1V/cmの電界の中で加速したときに電子が得るエネルギーを示しています。

　このようなシリコン単結晶は真性半導体と呼ばれ、通常の物理条件下では、伝導帯に自由電子がなく価電子帯は価電子がぎっしり詰まっていて身動きできないため、電気を運ぶキャリアが存在しないので絶縁体に近い性質を示します。このシリコン単結晶に、バンドギャップより高いエネルギーの熱や光が与えられると、価電子帯の電子が禁制帯を飛び越えて伝導帯に入って自由電子となり、価電子帯には電子の抜け穴（＝ホール、正孔）が生じます。

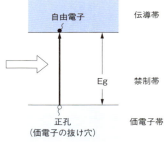

図5-5 シリコン単結晶のエネルギーバンド①(真性半導体)

すると自由電子と正孔の2種類のキャリアが電荷を運ぶため、電流が流れやすくなり導体に近い性質を示すようになります。

この真性半導体としてのシリコン単結晶に、微量のヒ素(As)やリン(P)を添加すると伝導帯の直下(数十meV)に、またボロン(B)を添加すると価電子帯の直上(数十meV)に、エネルギー準位が生じます。室温状態では、ヒ素やリンのドナー型不純物は伝導帯に自由電子を与え、ボロンはアクセプター型不純物として価電子帯から電子を受け取って正孔を生じさせるため、電気が流れやすくなります。このように、ドナー型やアクセプター型の不純物が添加された半導体は<u>不純物半導体</u>と呼ばれます(**図5-6**)。

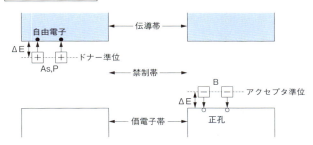

図5-6　シリコン単結晶のエネルギーバンド②(不純物半導体)

　ここまではシリコンを例にとり、エネルギーバンドについて説明しましたが、他の半導体材料に関してもまったく同様の議論が可能です。

　エネルギーバンドを用いることで、改めて導体・半導体・絶縁体の違いを考えてみると、導体では伝導帯と価電子帯がオーバーラップし、半導体では禁制帯の幅が中間の値(3eV以下)を取り、絶縁体では禁制帯の幅が大きい(数eV以上)ことがわかります。

5-3　素子の微細化
──なぜ微細化・高集積化を進めるのか？

　半導体素子、なかでもMOSトランジスタを用いた集積回路では、微細化技術の進展に伴い素子（内部配線も含む）の微細化が進められて来ました。図5-7に、素子設計に用いられる最小寸法を定める「設計基準」の年代推移を示してあります。この図から、設計基準は1970年代の5μmから、2〜3年毎に前世代の約0.7倍に縮小され続け、現在は14nm（1nm = 10^{-9}m、10億分の1メートル）の時代に入っていることがわかります。

　素子寸法（平面寸法）を縮小するに当たって、その指導原理となる、「スケーリング則」と呼ばれるガイドラインがあり、これに沿って微細化が実行されてきました。表5-1に示した理想的なスケーリング則では、スケーリングファクタをkとしたとき、各種パラメーターがどのように変化するのかがわかります。

　では、微細化を進める理由とは何なのでしょうか。

　第1の理由は、スケーリング則に基づく次のメリットです。
○動作速度の向上：k = 2なら動作速度は2倍になる
○消費電力の低下：k = 2なら電力は4分の1になる
○単位機能当たり製造コストの低下：経験的に3年で約3分の1から4分の1に低下する

　上記メリットにより、構造上微細化に向いているMOSトランジスタ（CMOS型含む）回路の動作速度が速くなり、従来ならバイポーラや化合物でしかできなかった多くの分野をMOS回路が取って替わりました。

　第2のメリットは、以下のようなものです。
○1チップに搭載できるトランジスタ数の増大による多機能・高

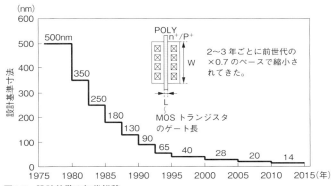

図5-7　設計基準の年代推移

表5-1　スケーリング則
スケーリングファクターをkとした、理想的なスケーリング則

パラメータ	スケーリング係数
素子寸法	1/k
電源電圧	1/k
電　流	1/k
回路遅延	1/k
消費電力	$1/k^2$
電力密度	1
配線遅延	1
抵　抗	k
容　量	1/k

機能LSIの実現

　このように見てくると、半導体の進展に微細化技術が果たした役割の大きさがわかるとともに、MEMSなどにもその波及効果があることを、おわかりいただけるでしょう。

5-4 万能メモリとは?
——DRAM×フラッシュ

　万能メモリという呼び名は、広く認知されたものではありませんが、ここでは多分に筆者の思い入れを込めて使っています。他には、「機能メモリ」や「次世代メモリ」などと呼ばれることもあります。万能メモリというからには、「現状のメモリには欠けているものがある」という、言外の意味がありますが、それについて少し考えてみましょう。

　すでに説明したように、現在、最も代表的なメモリといえば、DRAMとフラッシュメモリの2つです。ともに、比較的シンプルな素子構造をしていて、作りやすく、結果としてビット当たりのコストも抑えられる、というメリットがあります。さらに、DRAMは読み出し・書き込みが随時可能でその速度も速く、書き替え回数が実質的に無限大であるというメリットがある一方で、記憶情報が少しずつ自然に失われるためリフレッシュ動作が必要なこと、さらに電源を切ると記憶情報がすべて失われるため、記憶させ続けるには、常に電源につなぎ、定期的に記憶内容を更新してやらなければなりません。このための電力を消費するので、特に大量に使う場合には大きな問題になります。

　これに対し、フラッシュメモリ、なかでも代表的なNANDフラッシュと呼ばれるメモリは、電源を切っても記憶情報を保持し続けるという大きなメリットがある反面、読み出し・書き込みを随時行うことが不得意な上、動作原理上、書き込みが遅いこと、さらに決定的なデメリットとして書き替え回数がせいぜい10万回と制限されていることです。

　以上からも明らかなように、**万能メモリに求められるのは、**

DRAMとフラッシュメモリの長所を合わせ持ったメモリなのです。以下では、代表的な候補デバイスをいくつか取り上げて、その具体的状況を見てみましょう。

①MRAM（磁気メモリ、磁気抵抗メモリ）

MRAM（Magnetoresistive RAM）は磁気作用によってデータを記憶しますが、素子としてTMR（トンネル磁気抵抗）を利用しています。TMR素子の基本構造は2つの強磁性体膜で薄い絶縁膜を挟みこんだ構造をしています。

図5-8にMRAMの基本構造と動作原理を示します。MRAMのメモリセルは1個のNチャンネルMOSトランジスタと1個のTMR素子から構成されます。薄い絶縁膜を挟んで下側の強磁性体の磁化の向きは固定され（＝固定層）、上側は磁化の向きが可変（＝可変層）になっています。TMRに電流を流し可変層の磁化の向きを固定層と同じにすると、TMR素子が低抵抗状態の「0」に、磁化の向きを逆にすると高抵抗状態の「1」になり、これを情報の記憶に利用します。

MRAMの具体的な書き込み方式には、電流磁場方式とスピン

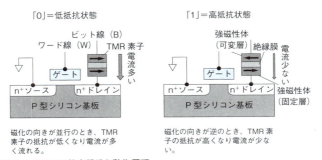

磁化の向きが並行のとき、TMR素子の抵抗が低くなり電流が多く流れる。

磁化の向きが逆のとき、TMR素子の抵抗が高くなり電流が少ない。

図5-8 MRAMの基本構造と動作原理

電流方式と呼ばれる2つのタイプのものがあります。

②PRAM(相変化メモリ)

PRAM(Phase change RAM)は、他にもPCRAMやOUM(Ovonic Unified Memory)とも呼ばれます。PRAMは、特殊な抵抗体に流す電流のジュール熱による瞬間的な温度変化を利用し、結晶状態とアモルファス状態間の相変化による電気抵抗変化を記憶に利用します。結晶状態では抵抗が低く「0」、アモルファス状態では抵抗が高く「1」となります。相変化素子としては、GST(ゲルマニウム・アンチモン・テルル)のカルコゲナイド膜が利用されます。**図5-9**に、PRAMのメモリセルの基本構造と動作原理を示します。

③ReRAM(抵抗変化メモリ)

ReRAM(Resistive RAM)は、電界の作用でデータを記憶するメモリで、記憶動作にはCER効果(電界誘起巨大抵抗変化)を利用しています。**図5-10**にReRAMメモリセルの基本構造と動作原理を示します。ReRAMのメモリセルは1個のNチャンネルMOSトランジスタと1個のCER素子から構成されています。CER素子にかける電圧(電界)によってCERの電気抵抗が低くなり電流がよく流れる状態を「0」、電気抵抗が高く電流がほとんど流れない状態を「1」にすることで情報を記憶させます。

以上、万能メモリとして有望視される3種類のメモリを紹介しましたが、**表5-2**にメモリの各種特性を比較して示してあります。同時に参考のためDRAMとフラッシュメモリも合わせて示しています。

① メモリセル構成

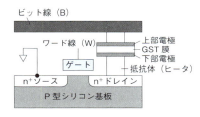

MOSトランジスタのドレインとビット線の間に **GST膜** と抵抗体からなる **相変化素子** が設けられている。

GST膜：ゲルマニウム・アンチモン・テルルのカルコゲナイド膜

② 動作原理

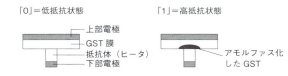

「0」＝低抵抗状態

相変化素子に電流を流すと、抵抗体の発熱によりGST膜の温度が上がり、多結晶状態になり、抵抗が小さくなる。

「1」＝高抵抗状態

相変化素子に流れる電流を切ると、GST膜の温度が下がり、一部がアモルファス化して抵抗が大きくなる。

図5-9　PRAMの基本構造と動作原理

CER（電界誘起巨大抵抗変化）素子は、電圧を加えることで電気抵抗が大きく変化することを利用して、「1」「0」を記憶する。

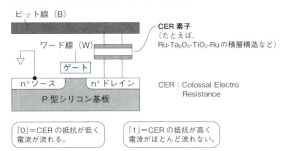

CER素子
（たとえば、Ru-Ta$_2$O$_5$-TiO$_2$-Ruの積層構造など）

CER：Colossal Electro Resistance

「0」＝CERの抵抗が低く電流が流れる。

「1」＝CERの抵抗が高く電流がほとんど流れない。

図5-10　ReRAMの基本構造と動作原理

表5-2 各種メモリの特性比較

メモリ	不揮発生	保持時間	読み出し法	セル構造	読み出し速度	書き込み速度	書き替え回数
MRAM	○	10年	非破壊	1T + 1TMR	10〜50ns ns(ナノ秒) = 10^{-9}秒	10ns以下	∞
PRAM	○	10年	非破壊	1T + 1GST	20〜50ns	30ns以上	10^{12}
ReRAM	○	10年	非破壊	1T + 1CER	約10ns	約10ns	$> 10^6$
DRAM	×	×	破壊	1T + 1C	10ns	10ns	∞
フラッシュメモリ	○	10年	非破壊	1T	50ns	1ms以上 ms(ミリ秒) = 10^{-3}秒	10^5

破壊読み出し：記憶データと読み出すと記憶が失われる方式のため、再書き込みが必要
T：Transistor N チャンネルMOSトランジスタ
C：Capacitor　電気容量
GST：ゲルマニウム・アンチモン・テルル(カルコゲナイド)
TMR：Tunnel Magnetic Resistance　トンネル磁気抵抗
CER：Colossal Electro Resistance　　電界誘起巨大抵抗

　各メモリが有する細かい特性は置いておくとして、万能メモリという視点から、次のように考えることができるのではないでしょうか。すなわち、不揮発性と記憶保持時間および非破壊読み出しという点ではフラッシュメモリと同等であり、実質的な問題はありません。

　読み出し速度については、少なくともReRAMはDRAMとほぼ同等でMRAMとPRAMは多少劣るといえるでしょう。書き込み速度はDRAMに比しPRAMが見劣りしますが、MRAMとReRAMは同等以上といえます。

　一番の問題は、書き替え回数です。フラッシュメモリが抱える、書き込み速度の遅さと書き替え回数の問題(10万回以下)に照らし、もしDRAMと同等の書き替え回数特性を求めるならMRAMしか残らないことになります。これについても様々な意見や、用

途に応じた棲み分けなどの考えもあり得ますが、帯に短し襷に長しという感があります。こう考えると、現在のDRAMとフラッシュメモリを完全に置き換え得る万能メモリの実現は、まだまだブレークすることが求められるといって差し支えないでしょう。

④3D Xpointメモリセル

最後に、最近「3D XPointテクノロジー」と呼ばれる、新しい3次元NANDメモリが米国のインテル社とマイクロン社から発表されました。そのメモリセルアレイ部の概略図を**図5-11**に示しています。

本メモリは、現在のフラッシュメモリに比べ、集積度がDRAMの10倍、書き込み速度と書き替え回数が1000倍と謳われています。

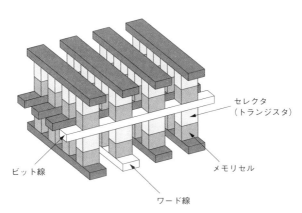

記憶素子は基本的にPRAMと同じで、カルコゲナイド材料（ゲルマニウム・アンチモン・テルル）を利用した相変化型メモリである。各メモリセルはワード線とビット線の交点（クロスポイント）に立体的に設けられている。発表されている情報によれば、現在のNANDフラッシュメモリに比べ、書き込み速度と書き換え回数は1000倍、セルサイズはDRAMの10分の1といわれている。

図5-11　3D Xpointメモリの構造模型

もしこれが事実とすれば、現状のフラッシュメモリに替わるものとしては極めて有望ですが、それでもまだ書き込み速度と書き替え回数ではDRAMに及ばず、万能メモリと呼ぶには道半ばの感を拭いきれません。

　以上述べたように、大きな期待がかかる万能メモリが、一般商用ベースで実現したら、どんな恩恵がもたらされるのでしょうか。もちろん、その影響は、単にDRAMとフラッシュメモリが1種類の万能メモリで済むということに留まりません。

　まず考えられるのは、現在のコンピュータにおける主記憶装置としてのDRAMと補助記憶装置としてのHDD（ハードディスクドライブ）やSSD（Solid State Driveフラッシュメモリを用いた記憶装置）の区別がなくなり、それがOS（Operating System基本ソフト）やアプリケーションに大きな変化を求めるでしょう。

　万能メモリの登場で、主記憶装置のデータをセーブする必要がなくなり、コンピュータの性能向上や消費電力の削減につながるでしょう。このためパソコン、スマートフォン、タブレット端末以上に、サーバの消費電力削減に加えデータベースの性能向上に寄与するでしょう。また現在のファイルという概念、すなわちデータを保存、整理するという概念自体に変化が起きるかもしれません。

　IoTにおける、データセンターなどにも大きな影響がもたらされるのは確実でしょう。

5-5 ニューロモーフィック・チップとは？
――人間の脳構造を模したコンピュータ・チップ

　IoTが進展するにつれ、インターネットにつながるセンサーなどのデバイスは、天文学的に増えてくると考えられます。すでに述べたように、年に1兆個ずつ増加する時代がくるとの予測があるほどです。こうなると、データセンターで扱うビッグデータはますますビッグになり、意味のあるデータの抽出やデータの構造化から、データの検索や処理などが指数関数的に複雑かつ困難になってきます。具体的には、現状のコンピュータの処理速度と消費電力が大きな問題として顕在化することです。

●処理速度と消費電力をクリアする3つのアプローチ
　これに対処するための有望なアプローチの1つとして、従来のノイマン型コンピュータとはまったく異なる、「ニューロモーフィック・チップ」と呼ばれる、新しいコンピュータ・チップの研究開発が、近年、世界的に進行しています。

　ニューロモーフィック（Neuromorphic）とは「脳神経系の構造と働きそのものを模した」という意味で、図5-12に模式的に示したように、ニューロモーフィック・チップはまさに、**人間の脳内のニューロンやシナプスの働きを動作原理に取り入れたコンピュータ・チップ**です。脳は刺激を受けたり学習したりすると、シナプス部の化学的変化により、ニューロン間の結合強度が変化します。ニューロモーフィック・チップでも、同じように、入力端子から可変な抵抗を通して、信号を入力し、学習が進むとその抵抗値を変化させます。

　この分野で先行しているのは、DARPA（国防高等研究計画局）

の助成を受けてIBMが開発した「TrueNorth（トゥルーノース）」でしょう。TrueNorthは、**図5-13**に示すように、ニューロンとシナプスと通信部からなるコアをX-Y状に約4000個並べ、非同期で演算処理を行います。これは100万個のニューロンと2億5000万個のシナプス結合に相当しますが、消費電力は通常CPUチップの2500分の1という少なさです。

米スタンフォード大学が発表した、人間の脳の構造を模したNeurogrid（ニューログリッド）は、専用ICを16個用い、100万個のニューロン、数十億のシナプス動作を再現でき、通常のパソコンより9000倍も高速にもかかわらず、パソコンより少ない消費電

[ニューロン]

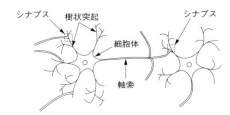

経験や学習をすると、シナプスの化学的変化により、ニューロン間の結合強度が変化する。

[ニューロモーフィック・チップの基本回路]

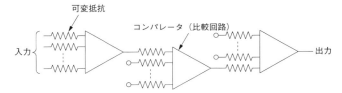

個々のニューロンに相当する、多入力・1出力のコンパレータ（比較回路）の入力端子に挿入された可変抵抗の値を、学習によって変化させる。

図5-12　ニューロンを模した回路

力で動作します。

　この高速性は、従来のノイマン型コンピュータシステムのパフォーマンスを制限するボトルネックがないこと、また低消費電力性は、常時動作している従来型に比べ、ニューロモーフィック・チップはイベントドリブン（ユーザーや他のプログラムが実行した操作に対応して処理をする形式）で動作するためです。

　欧州ではEUからの予算を受けた巨大研究計画としてのヒューマンブレイン・プロジェクトがあり、日本からも理化学研究所が参加しています。その中でも、ドイツのハイデルベルク大学の「BrainScales（ブレインスケールズ）」では、512個のニューロンと13万本のシナプスが再現されています。

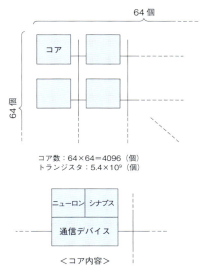

図5-13　IBMのTrueNorthハード構成

表5-3　ニューロモーフィック・チップの例

プロジェクト名	研究主体	システム構成	規模	コメント
TrueNorth	米IBM	1チップまたは16チップを基板に搭載	ニューロン 10^6個 シナプス 10^8個	DARPAの助成
BrainScales	独ハイデルベルク大	ウエーハスケール（1枚のウエーハ全部）	ニューロン 2×10^5個 シナプス 5×10^6個	EUのHumanBrainプロジェクトの一環
Neurogrid	米スタンフォード大	16チップを基板に搭載	ニューロン 1.05×10^4個 シナプス 数十億個	

DARPA：Defense Advanced Research Projects Agency　国防高等研究計画局
EUのHumanBrainプロジェクトには日本から理化学研究所も参加している。

　これら3種類のニューロモーフィック・チップについては、**表5-3**にまとめておきました。
　ニューロモーフィック・チップが実用化されれば、IoTのデータセンターにおけるビッグデータ処理能力と速度が飛躍的に向上する一方で、消費電力は激減するでしょう。またデータセンターに限らず、AI技術そのものの劇的な発展を促すでしょう。
　図5-14に示したように、ニューロモーフィック・チップは、人間の右脳的な機能を持ち、従来の左脳的なコンピュータと組み合わせることで、より人間に近いロボットも開発され、また自動運転を始めとする、人間の直感的・総合的な判断に基づく行動を代替することも飛躍的に進むものと考えられます。

第5章 IoT時代に求められる新しい半導体テクノロジー

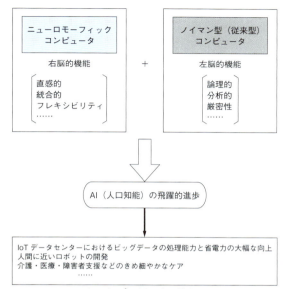

図5-14 ニューロモーフィック・チップがもたらすAI技術の進歩

索引

記号・数字

3D Xpointメモリセル 191

A

ADC：Analog to Digital Converter 172
AI 20
ALU 152
AND回路 150
ASIC：Application Specific IC 106、158
ASSP：Application Specific Standard Product 107

B

Bluetooth 72
Bluetooth LE 76
BrainScales 195

C

CCDイメージセンサー 40
CISC 154
CISC型MPU 91
CLB：Configurable Logic Block 160
CMOSイメージセンサー 40
CMOS型 123
CODEC：Coder-Decoder 106
CPU（中央演算処理装置） 91、152
CTR サーミスタ 64

D

DAC：Digital to Analog Converter 172
DARPA（国防高等研究計画局） 193
DIMM 136
DLC：Double Level Cell 141
DRAM：Dynamic Random Access Memory 106、128、132、186
DSP：Digital Signal Processor 107

E

EEPROM：Electrically Erasable and Programmable ROM 106
EPROM：Erasable and Programmable ROM 106
eV（エレクトロンボルト） 180

F

Felica 79
FPGA：Field Programmable Gate Array 83、92、106、160

G

GPU：Graphics Processing Unit 106

H

HEMS：Home Energy Management System 12

I

IBM 194
IC：Integrated Circuit 103
ICT 12
iDC 19、92、176
Internet of Things 10
IoT 10
　〜の3つの構成要素 16
　インフラ向けの〜 14
　運輸・交通向けの〜 15

家庭(Home)向けの〜	12
製造業向けの〜	14
福祉・介護向けの〜	14
農業向けの〜	13
IP(知的財産)	166
IP：Internet Protocol	18
IPパケット	19

L

LAN：Local Area Network	75
Laser Diode	112
LED：Light Emitting Diode	110
LSI：Large Scale Integration	105

M

MCU：Micro Controller Unit	106、156
MEMS：Micro Electro Mechanical System	22、34
MEMSセンサー	22
MMI：Man Machine Interface	60
MOSトランジスタ	119
MPU：Micro Processor Unit	106、152
MRAM：Magnetoresistive RAM	187
MSS(膜型表面応力センサー)	66

N

N型シリコン	100
NAND回路	150
NAND型フラッシュメモリ	142
NANDフラッシュ	186
Neurogrid	195
NFC：Near Field Communication	72、79
NOR回路	148
NOR型フラッシュメモリ	142
NOT回路	146
NTCサーミスタ	64
NチャンネルMOSトランジスタ	118、132

O

OR回路	148

P

P型シリコン	100
PLD：Programmable Logic Device	160
PLL：Phase Locked Loop	162
PNフォトダイオード	38
PN接合	108
PRAM：Phase change RAM	188
PTCサーミスタ	64
PチャンネルMOSトランジスタ	120

R

RAM：Random Access Memory	128
ReRAM：Resistive RAM	188
RFID：Radio Frequency Identification	72、81
RF部	70
RISC	154
RISC型MPU	91
ROM：Read Only Memory	106、126

S

SCA：Standard Cell Array	158
SDRAM	136
semiconductor	94
SIP：System In Package	168
SLC：Single Level Cell	141
SOC：System On Chip	107、167
SRAM：Static Random Access Memory	106、128、130
SSD：Solid State Drive	86、92

T

TLC：Triple Level Cell	141
TrueNorth	194

索引

W

WAN：Wide Area Network	75
Wi-Fi	74
Wi-SUN	78
WLAN：Wireless Local Area Network	73
WPAN：Wireless Personal Area Network	72
ZigBee	73
ZigBee IP	76

あ

アクセプタ	100
圧力センサー	45
アノード	108
アンテナ	70
位相同期回路	162
イメージセンサー	40
陰極	108
インターネット	68
インターネットデータセンター	19
インターネットプロトコル	18
インピーダンス変換	53
エネルギーバンド	180
オペアンプ	169

か

外因性半導体	97
化合物半導体	97
かざして通信	79
ガスセンサー	58
カソード	108
加速度センサー	48
揮発性メモリ	105、128
基本回路	146
嗅覚センサー	66
組み合わせ論理回路	144
組み込み機器	60
ゲイン調整	53
ゲート	158
ゲートアレイ	158
ゲートウェイ	19
ゲート回路	146
元素半導体	95
降伏電流	109
個別半導体	102
コリオリの力	50

さ

サーフェイス・マイクロマシニング	35
サーミスタ	63
酸化物半導体	97
算術論理演算装置	152
磁気センサー	55
磁気抵抗メモリ	187
磁気メモリ	187
自己容量方式	60
システムLSI	107、164
シナプス	193
ジャイロセンサー	50
集積回路	103
自由電子	100
順序論理回路	144
シリコン	98
シリコンダイヤフラム	46
シリコンプレーナ技術	34
シリコンマイク	52
シングルチップマイコン	156
人工知能	20
真正半導体	97
深層学習	85
真理値表	146
スケーリング則	184
スタック	152
スタンダードセルアレイ	158
スマートハウス	12, 23
スマートホーム	12

スマート農業	13
スレッショルド電圧	120
制御ゲート	138
正孔	100
静電容量型センサー	46
静電容量式タッチパネル	61
整流作用	109
整流ダイオード	108
セキュリティ	87
セキュリティ・チップ	87
絶縁体	94
センサー	16、28、32
センスアンプ	134
専用LSI	158
相変化メモリ	188

た

ダイオード	108
太陽電池	114
多値技術	141
タッチセンサー	60
タッチパネル	60
ダブルレベルセル	141
単一レベルセル	141
ダングリングボンド	100
単結晶シリコン	98
逐次比較方式	173
中央演算処理装置	152
超小型演算処理装置	152
ディープラーニング	85
抵抗変化メモリ	188
ディスクリート	102
データ	
〜の処理	19
〜の収集	16
〜の送信	68
データストレージ	85
データセンター	19、176
データレジスタ	152

電荷結合素子	40
電流増幅率	119
トランジスタ	116
トランスデューサー	28
ドレイン	138

な

ニューログリッド	194
ニューロモーフィック・チップ	83、177、193
ニューロン	193
ノイマン型	84

は

バイポーラトランジスタ	116
破壊読み出し	134
発光ダイオード	110
バルク・マイクロマシニング	35
半導体	22、94
半導体レーザー	112
バンドギャップ	180
万能メモリ	186
汎用レジスタ	152
汎用ロジック	106
ピエゾ抵抗型圧力センサー	45
ピエゾ抵抗効果	45
光センサー	38
ビット線	126
非ノイマン型	84
微分回路	170
ビルディングブロック	164
ファンクションブロック	164
フェリカ	79
フォグコンピューティング	85
不揮発性メモリ	105、128
不純物半導体	97、98、182
不導体	94
フラッシュアレイ	86
フラッシュメモリ	92、128、137、186
不良導体	94

索引

ブレインスケールズ	195
ブレークダウン電流	109
プログラマブルロジックFPGA	160
プログラマブルロジックIC	107
ベースバンド部	70
ヘムス	12
変換器	28
ホール効果	55

ま

マイクロコード	152
マイクロデータセンター	85
マイクロプロセッサ	83、152
マイクロマシニング	35、36
マイコン	106
膜型表面応力センサー	66
マクロ	164
マン・マシン・インタフェース	60
未結合手	100
無線LAN	73、78
無線PAN	76
無線WAN	75、78

命令デコーダ	152
メムス	34
メモリ	126
メモリセル	126
メモリセルアレイ	126
モノのインターネット	10

や

陽極	108

ら

ライブラリ	164
リフレッシュ	136
量子力学	180
論理回路	144
論理積	144
論理否定	144
論理和	144

わ

ワード線	126

著者プロフィール

菊地正典（きくち まさのり）

1944年樺太生まれ。1968年東京大学工学部物理工学科を卒業、日本電気（株）に入社以来、一貫して半導体関連業務に従事。半導体デバイスとプロセスの開発と生産技術を経験後、同社半導体事業グループの統括部長、主席技師長、（社）日本半導体製造装置協会専務理事、（株）半導体エネルギー研究所顧問などを歴任。著書に『入門ビジュアルテクノロジー 最新 半導体のすべて』『図解でわかる電子回路』『プロ技術者になるエンジニアの勉強法』（日本実業出版社）、『半導体・ICのすべて』（電波新聞社）、『電気のキホン』『半導体のキホン』（SBクリエイティブ）、『半導体工場のすべて』（ダイヤモンド社）などがある。

サイエンス・アイ新書
SIS-376

http://sciencei.sbcr.jp/

IoTを支える技術
あらゆるモノをつなぐ半導体のしくみ

2017年3月25日 初版第1刷発行

著　者	菊地正典
発行者	小川 淳
発行所	SBクリエイティブ株式会社 〒106-0032 東京都港区六本木2-4-5 電話：03-5549-1201（営業部）
編　集	畑中 隆
組　版	クニメディア株式会社
装　丁	渡辺 縁
印刷・製本	株式会社シナノ パブリッシング プレス

乱丁・落丁本が万一ございましたら、小社営業部まで着払いにてご送付ください。送料小社負担にてお取り替えいたします。本書の内容の一部あるいは全部を無断で複写（コピー）することは、かたくお断りいたします。本書の内容に関するご質問等は、小社科学書籍編集部まで必ず書面にてご連絡いただきますようお願いいたします。

©菊地正典　2017 Printed in Japan　ISBN 978-4-7973-9016-2